KB184430

바다 위의 과학자

망망대해의 바람과 물결 위에서 전하는
해양과학자의 일과 삶

바다 위의
과학자

남성현 지음

흐름출판

알래스카만

시애틀
포틀랜드
산타바버라
로스앤젤레스
샌디에이고
찰스턴
케이프커내버럴
과들루프
바베이도스
카보베르데
카리브해
대서양

누쿠히바

● 지도에 표지된 장소는 저자가 직접 배를 타고 항해하며
   탐사한 바다 및 인연을 맺은 항구 도시입니다.

아문센해

블라디보스로크

왕해　　　동해

동중국해

태평양

괌

몰디브, 말레

인도양

솔로몬 제도

모리셔스, 포트루이스

뉴질랜드, 크라이스트처치

항해를 시작하며

그야말로 망망대해 한가운데였다. 무언가 축구공처럼 빠르게 날아오더니 갑판 위로 떨어져 굴렀다. 갑판 위에 있던 사람들은 난데없이 날아든 물체에 당황했다. 조심히 살펴보니 바로 새였다. 우리가 육지를 떠나 멈추지 않고 항해한지도 벌써 며칠이 지났다. 작은 섬도 없는 대양 한복판을 순항 중인 배에 새가 찾아오다니.

  죽은 것일까 잠시 생각하던 그 순간, 새는 웅크렸던 몸을 일으켜 비척비척 걸어가 갑판 한곳에 자리를 잡았다. 그리고 날개 밑에 얼굴을 묻고 이내 잠을 청했다. 사람들이 물과 음식을 챙겨주고 만지는데도 새는 마침내 안식을 찾았다는 듯 계속 잠을 잘 뿐이었다.

배 한 척, 섬 하나 보이지 않았는데 새는 어떻게 여기까지 온 것일까? 자연스럽게 착륙하지 못하고 우리 배를 발견하자마자 몸을 내던졌을 정도라니 대체 얼마나 고단했을까? 여러 생각을 하며 새를 측은히 여기는 중 문득 이 새가 어떤 새인지 궁금해졌다. 그때 누군가가 '얼간이새'라고 했다. 정확히는 '붉은발 얼가니새.' 성질이 순해서 항해 중인 배 위에 잘 앉는 습성이 있다는데, 그렇다고 이 먼바다까지 날아오다니 이름 그대로 참 걱정되는 새였다.

새는 죽은 듯이 오래도록 잠을 잤다. 이튿날 이른 아침까지 있는 것을 보았는데, 느닷없이 온 것처럼 정오 전 이별의 예고 없이 떠났다. 새는 육지와 먼바다를 날다가 지치면 또 어딘가 지나는 배에 몸을 의탁하고 쉬어 갈 것이다. 나는 그 배에도 좋은 사람들이 있길 바랐다.

문득 내 삶이 무작정 목적지를 향해 날아가는 그 새와 닮았다는 생각이 들었다. 매일 폭포처럼 쏟아지는 이메일, 문자, 카톡 메시지, 전화, 계속되는 회의, 강의와 강연…. 누군가는 내게 워커홀릭이라고 한다. 어떤 학생은 내게 "교수님은 언제 주무시나요?"라고 물었다. 학생들이 새벽에 제각각 보낸 이메일에도 내가 모두 즉각 회신을 했다는 것이다. 그런 탓에 주변 사람들은 내 건강을 걱정한다. 육지에서는 시간을 쪼개서 사용해야 했고 정신을 바짝 차리지 않으면 일정이 겹치기 일쑤라 캘린더에 서로 다른 색상으로 일정을 표기해서 실수를 하지 않으려 노력했다.

숨이 목구멍까지 차오르는 느낌이 들 때쯤 나는 바다를 생각했다. 승선 조사 일정을 짜고, 오랜 시간 배 위에서 지내기 위한 짐을 챙기는 과정은 마치 여행을 떠날 채비를 하는 것 같다. 그렇게 연구를 위해 먼바다로 항해를 떠나면 자연히 세상과 멀어지고 나에게는 오직 실험과 연구만 남는다. 물 속에 장비를 담갔다 꺼내고, 숫자와 그래프로 나타난 바다의 움직임을 해석하기 위해 몰입한 후에는 육지에서의 바쁜 일은 잠시 뒤로 하고 모처럼 쉬는 시간을 갖는다.

연구를 위해 이동하는 배 안에서 오래된 드라마를 첫 화부터 최종화까지 정주행하고, 다른 향의 커피를 섬세하게 구분해 즐기기도 하며, 가끔은 탁구를 치기도 했다. 목적하는 해역에 도착하면 팀원들끼리 잠을 교대로 자야 할 정도로 바빠지지만 외부 세계와의 통신이 제한되는 상황은 우리에게 강제적으로 쉼을 허락했다. 그래서 나에게 해상 실험은 다른 의미의 쉼이다. 물론 육지에서의 원활한 일정을 위해 해상 실험을 떠나기 전과 다녀온 후의 일정은 상상을 초

월하지만. 이 책을 쓰는 지금이 내게는 향해 중인 배 위에서 잠을 청하는 것과 같은 휴식이다.

일상을 떠나 광활한 자연, 바다 한가운데에서 그동안 지나온 삶을 한번씩 돌아보게 하는 시간은 이 책을 쓸 기회도 허락했다. 덕분에 모처럼 사색을 즐기며 나의 지난 여정을 돌아볼 수 있었다.

이 책은 인도양에서 쓰였다. 전업 작가도 아니고 글재주도 뛰어나진 않지만 내가 경험한 것들이 해양과학자라는 흔치 않은 직업에 관심을 가진 독자들에게 조금이나마 도움이 되었으면 좋겠다. 물론 세상에 나처럼 직접 배를 타는 해양과학자만 있는 것이 아니며, 소수의 해양과학자 사이에서도 전혀 다른 분야를 연구하고, 전혀 다른 생각과 삶의 궤적을 가진 다양한 사람들이 존재한다. 여기에 쓴 나의 개인적인 경험이 마치 모든 해양과학자의 삶을 대표하는 것으로 받아들여지지는 않기를 조심스레 바란다.

해양과학적 지식이 전혀 등장하지 않는 것은 아니지만 이 책은 해양과학이라는 학문에 대한 체계적인 지식이나 과학적 사실을 전달하려는 전공서나 대중서는 아니다. 해양을 탐사하는 사람들, 그리고 해양 그 자체를 소개할 수 있기를 바랄 뿐이다. 과학적인 작동 원리에 따라 변화무쌍한 바다

의 모습에서 우리가 무엇을 배울 수 있을지 이야기 나누고
싶었다. 바다 위를 떠다니며 보고 듣고 느끼고 깨달은 것들
을 쓴 이 책이 일상을 살아가는 모든 이에게 잠시나마 바다
를 여행하는 것과 같은 쉼을 허락하는 책이 되면 좋겠다는
작은 바람이다. 한 개인의 경험을 바탕으로 한, 담백하고 말
랑말랑한 이야기로 전해질 수 있다면 더 바랄 것이 없겠다.

2024년 여름
인도양을 순항 중인 이사부호에서

목차

2부 바다 위의 실험실

1부

파도 위의 과학자

여러분, 이건 바다가 아닙니다

수많은 사람이 적어도 한 번쯤 해변에 가봤다는 사실을 고려할 때, 바다가 완전히 접근하기 어려운 곳은 아니다. 사람들은 바다를 바라보며 휴식한다. 여름이면 해변에서 물놀이를 한다. 어떤 이는 바다 풍경이 보이자마자 감탄한다.

"와, 바다야!"

사람들이 흔히 외치는 이 말에는 사실 약간의 오해가 있다. 분위기를 깨뜨리는 것이 미안하지만 나는 종종 이렇게 사실 관계를 바로잡는다.

"그런데 여러분, 이건 바다가 아닙니다. 그저 바닷가지요."

해변에서 우리가 눈으로 보는 부분은 해안선으로부터 불과 10킬로미터도 떨어져 있지 않은, 해안가에 가까운 매우 작은 영역에 불과하다. 바다와 육지의 경계에 붙은 이 작은 영역을 바다라고 부르기에는 바다가 너무나도 넓다. 우리 눈에 보이는 영역은 바다가 아니라 바다 끝단의 경계에 해당하는 바닷가일 뿐이다. '진짜 바다'는 해안가에서 가장 멀리 보이는 수평선 끝에서부터 시작해 수평선 너머로 펼쳐진 훨씬 광대한 영역을 의미하기 때문에 해안에서는 눈으로 다 볼 수 없다. 해안에서 눈에 보이는 영역은 해양 가장자리의 극히 좁은 테두리에 해당한다.

종종 해외로 출장이나 여행을 갈 때 비행기 창가 쪽 좌석에 앉아 아래를 내려다보면 구름 아래로 드넓게 펼쳐진 바다를 볼 수 있다. 비행기가 엄청난 속도로 한참을 날아도 바다는 변함이 없는 것을 보면 바다가 얼마나 넓은지 조금이나마 실감할 수 있다. 비행기의 속도가 시속 1천 킬로미터 정도이고 태평양을 건너는 비교적 짧은 루트인 인천과 미국 로스앤젤레스의 이동 시간이 약 10시간이라고 할 때, 대략 1만 킬로미터의 거리를 이동한다고 볼 수 있다. 다시 말해, 해안에서 눈으로 보는 수평선까지의 5킬로미터 거리는 전체 태평양의 고작 2000분의 1에 해당한다는 의미다.

육지가 보인다면 아직 바다라고 부를 수 없다는 뜻이다.

바다는 우리나라에 인접한 동해, 황해, 동중국해, 멀리 떨어진 지중해, 카리브해(캐리비안), 베링해 등의 지역해(regional sea), 그리고 태평양, 대서양, 인도양, 남빙양(남극해), 북빙양(북극해, Arctic ocean)의 드넓은 오대양까지 모두 하나로 연결되어 있다. 우리가 삼면이 바다로 둘러싸여 타국과는 바다를 건너야만 닿을 수 있는 곳에 살고 있다는 것을 떠올리면 바다를 멀리한다는 것은 그야말로 어리석은 일이 아닐 수 없다.

바닷가에서 눈으로 보는 것만으로는 수평선 너머의 먼바다를 볼 수 없지만 드론과 인공위성 등을 이용한다면 높은 곳에서 바다와 지구 전체의 모습을 쉽게 내려다볼 수 있다. 최근에는 무인선까지 운행할 정도로 발달한 선박과 항해술을 바탕으로 드넓은 바다 건너편까지 찾아가 다양한 활동을 하면서 정작 우리가 건너 다니는 광활한 바다 자체에 대해서만큼은 유독 무지한 상태라는 건 아이러니한 일이 아닐 수 없다.

너무 넓어서 인지하기 어려운 탓인지 우리는 종종 바다가 지구의 아주 커다란 일부분임을 잊는다. 인류가 우주로 나아가기 시작하면서 우리는 지구라는 행성이 '푸른' 행성임을 깨닫게 되었다. 지구가 푸른 행성일 수 있는 이유는 바다가 지구 표면의 7할을 차지하고 있기 때문이다. 인간을 달에 보내는 아폴로 계획의 가장 중요한 성과는 바로 발 디디고 살아가기에 우리가 보지 못한 지구의 모습을 볼 수 있었다는 점일 것이다. 1968년 아폴로 8호에서 찍은 사진인 '어스라이즈(Earthrise)', 1972년 아폴로 17호에서 찍은 사진인 '블루마블(The Blue Marble)'은 모두 깜깜한 우주에 떠 있는 작고 외로운 푸른 행성 지구의 모습을 잘 보여준다. 아폴로 계획이 종료된 지 50년도 더 지난 오늘에 이르러서야 인류는 드디어 바닷속 세상을 살피기 시작했다.

지구를 떠나 점점 멀어지던 보이저 1호가 카메라를 180도 돌려 61억 킬로미터나 떨어진 지구의 모습을 찍은 사진을 보고 칼 세이건은 '창백한 푸른 점(Pale Blue Dot)'으로 지구를 묘사했다. 번역 문제를 지적하며 '연파랑 점'으로 바꿔 불러야 한다는 주장도 있지만, '푸른 점'이든 '연파랑 점'이든 태양반사광 속에 희미한 점으로 표시되는 그 사진 속의 지구는 우주라는 광활한 공간 속에서 너무나도 작은 부분을 차지할 뿐이다. 태양광 속에 떠 있는 작은 티끌 같은 공간에 역사 속 모든 사람이 살았고, 지금은 80억의 사람들이 살아가고 있다. 역사 속 수많은 정복자가 세상을 피로 물들인 이유는 이 작은 점 안에서 그보다 더 작은 일부에 대해 그들이 품은 집착 때문이었다. 작디작은 창백한 푸른 점 안에는 땅보다 더 드넓은 바다가 펼쳐져 있음을 우리는 종종 잊어버린다.

태평양의 면적은 지구 표면의 3분의 1을 차지한다. 이는 전 세계 6개의 대륙 면적을 모두 합한 것 이상으로 넓다. 평균 수심(3천 미터 이상)도 육지의 평균 해발 고도(수백 미터에 불과)에 비해 몇 배나 더 깊다. 실제로 전 세계의 바다 위로 튀어나온 땅을 모두 깎아 태평양에 담가도 태평양 하나를 메우지 못한다. 이처럼 넓고 깊은 바다는 엄청난 부피의 바닷물을 담고 있으며, 그 속에는 눈에 보이지 않을 정도로 작은 미생물과 플랑크톤부터 거대한 고래에 이르기까지 다양한 해양 생물이 공존하며 풍부한 해양 생태계를 구성하고 있다. 그뿐만 아니라 지구의 거대한 열을 품고 기후를 조절하기까지 한다.

바닷물의 양만 해도 지구상 존재하는 모든 물의 97퍼센트가 넘으니까 그야말로 대부분의 물이 바닷물인 셈이다. 나머지 2~3퍼센트의 물 중에서도 상당 부피는 남극 대륙 빙상과 그린란드 빙상 등의 빙하 형태로 얼어 있기 때문에 실

대서양의 구름. 모든 하늘과 바다가 같아 보이지만, 지역별로 다르게 나타나는 대기와 해류의 움직임에 따라 자기만의 모습을 보여준다. 과학자는 그런 세상의 모습을 발견하는 사람이다.

제로 우리가 활용하는 강과 호수, 지하수의 담수는 지구 전체에서 극히 적은 양을 차지한다.

바닷물이 늘 바다에만 머물러 있는 것은 아니다. 곳곳에서 수시로 증발하여 수증기 형태로 대기에 공급되었다가 다시 응결하고 비나 눈의 형태로 내려 우리가 활용하는 담수로 공급된다. '수문순환(hydrological cycle)'이라는 물 순환 과정에서 에너지와 중력에 따라 모든 물 분자는 계속해서 흐르고 흘러 결국 바다로 되돌아온다. 우리가 마시는 커피 한 잔, 반려동물의 오줌 한 방울까지 바다에서 오지 않은 것이 없다. 인체를 구성하는 성분 중 절반 이상이 물이라고 한다. 모든 물이 바다에서 온 것이라면 우리 한 사람 한 사람이 하나의 바다가 아닐까.

한배를 탔다는 건

모든 해양과학자가 배를 타는 것은 아니다. 대부분의 해양과학자는 바다에 직접 가는 대신 다양한 방식으로 수집한 데이터를 살펴본다. 어떤 해양과학자는 지구의 바다 표면을 내려다보는 드론이나 인공위성으로 수집한 데이터를 보기도 하고, 또 다른 해양과학자는 이론적인 수치 모델링을 통해 유체 방정식을 풀어 생성한 데이터를 보기도 한다.

그리고 직접 바다에 '가는' 해양과학자들도 있다. 바로 관측해양학자, 그중에서도 현장 관측을 위해 직접 '크루즈(cruise)'라는 탐험을 떠나는 사람들이다. 비슷하게는 관측천문학자가 있지만 관측천문학자도 우주에 대한 데이터를 수집하려 직접 우주 탐사 여행을 가지는 않는다. 그러나 관측해양학자들은 종종 해안가와 갯벌은 물론, 배를 타고 망망대해까지 찾아다니면서 바다를 직접 '보면서' 현장 관측 데이터를 수집한다. 소수이지만 세계 곳곳을 여행하며 현장을 피부로 느끼는, 해양 탐험과 탐사를 병행하는 해양과학자가 분명히 존재한다. 특히 심해는 여전히 접근성이 매우 떨어져 극소수의 과학자들에게만 심해를 직접 '볼' 기회가 주어진다. 이들은 각종 장비를 들고 잠수정에 올라 실제 심해 속으로 뛰어든다. 가히 과학자이자 탐험가라 할 만하다.

심해 탐험가를 비롯해 해양을 탐사하는 사람들의 수는 심해를 과학적으로 연구하는 사람들의 수에 비하면 소수에 가깝다. 유인 잠수정을 타고 심해에 직접 접근해 본 사람들은 매우 극소수이며, 심해가 아니더라도 배를 타고 바다에 나가서 직접 해양 탐사를 하는 관측 해양학자는 해양과학자 중에서도 손에 꼽는다. 해양과학자 중에는 해안이나 갯벌 등 해안가나 연안을 탐사하거나 주로 실험실 내에서의 실험 연구, 수치모델링이나 이론 중심의 연구를 하는 사람들도 많기 때문이다.

알베르트 아인슈타인은 "수학 법칙으로 현실을 설명하는 한 그것은 확실하지 않다. 그리고 그것이 확실하다면 더 이상 현실이 아니다."라는 유명한 말을 남겼다. 이론적으로는 얼마든지 바닷속에서 벌어지는 다양한 자연 과정(natural process)을 연구하고 새로운 발견을 할 수 있지만, 그렇게 알아낸 자연 과정이 과연 실제 바다에서 언제, 어느 곳에, 얼마나 중요하게 작동할지 여부는 실제 바다 현장에서 데이터를 수집해서 조사해 보기 전까지 알 수 없다. 이것이 관측해양학자가 계속해서 바다를 찾는 중요한 이유이기도 하다.

현장 바다를 찾아가기 위한 연구 크루즈, 승선 조사는 흔히 생각하는 관광 크루즈가 아니다. 대부분 사람이 생각하는 크루즈는 좋은 호텔을 바다에 띄우고 그 안에서 온갖 즐길 거리를 누리며, 아름다운 섬과 해안의 명소를 보러 다니는 관광 목적의 선박이지만, 연구 크루즈는 과학적 데이터를 수집하기 위해 승선한다는 면에서 성격이 완전히 다르다. 물론 출항과 입항 과정, 배를 운항하는 항해 인원부터 주방의 음식 조리 인원까지 다양한 승조원이 승선하여 서비스를 제공한다는 점은 비슷하다. 그러나 연구 크루즈는 정해진 항로를 따라 이동하는 것이 아니라 연구 데이터를 수집하기 위해 특정 바다 영역, 즉 연구 해역을 찾아가서 연구 활동을 벌인다는 면에서 탐험과 탐사에 더 가깝다.

대형 크루즈를 상상하셨다면 죄송하다.

연구 크루즈이건 관광 크루즈이건 물고기를 잡기 위한 어선이건 컨테이너를 잔뜩 실은 마도로스의 상선이건 일단 한 배를 타고 망망대해를 항해한다는 것은 동일하다. 한배를 탔다는 것은 승선한 이들이 서로 운명 공동체가 되었음을 뜻한다. 거친 바람이 불고 높은 파고가 일렁이는 날에는 배가 심하게 요동치기 때문에 다 같이 고생할 수밖에 없고, 반대로 맑고 잔잔한 날에는 함께 고요하고 평화로운 항해를 즐긴다. 연구 프로젝트의 성공을 위해 협업하는 탐사 활동이라는 점은 육지에 있을 때와 다르지 않지만, 승선 조사 중에는 출퇴근이 따로 없기 때문에 항상 함께 생활하며 같이 수고하고 말 그대로 운명까지 같이 한다. 거친 바다 위에서 다 같이 힘든 순간에는 서로를 향한 관심과 보살핌이 얼마나 소중한지 깨닫고, 평온한 바다 위에서는 대자연 속 기쁨을 함께 나누는 것이 얼마나 중요한지 느낀다.

배에 탄 사람들은 오랜 시간을 선내에서 동고동락하기 때문에 서로 끈끈한 동지애를 느끼게 된다. 각자 평소 생활하던 일상에서 아주 멀리 벗어나 말 그대로 개미 그림자 하나 없는 곳에서 문명과 고립된 채 다른 사회를 살아가는 경험을 공유하는 것이다. 이 경험이 특별히 더 소중한 이유다.

연구선에서는 꼭 자신이 속한 연구팀의 프로젝트가 아니

어도 품이 많이 드는 활동이라면 여러 연구원이 적극적으로 같이 참여한다. 수백 미터나 되는 긴 와이어 여러 개를 감거나 푸는 일만 해도 바다에서 와이어가 잘 올라오거나 내려가는지 관찰하는 사람, 와이어에 장력이 얼마나 걸리는지 관찰하는 사람, 와이어를 감거나 풀기 위한 윈치(winch)를 조작하는 사람, 와이어가 감아두는 드럼(drum)을 돌리는 사람과 드럼을 끼우고 옮기는 사람, 와이어가 드럼에 감길 때 꼬이지 않도록 와이어를 잡고 사리는 사람 등 손이 많이 필요한데, 해당 프로젝트 연구 인력만으로는 그 일들을 감당할 수가 없다. 이렇게 각종 장비를 다 같이 옮기고 조립하고 분해하며 로프를 당기고 감는 등 육체적으로 고된 연구 활동을 함께 하다 보면 다른 프로젝트 연구팀과도 쉽게 친해진다. 그러다 보면 내 연구와는 상관이 없을 것 같았던 다른 이의 연구를 좀 더 잘 이해하게 되고 그러다 보면 나중에는 함께 논문을 쓸 일도 생기곤 한다.

만약 누군가가 몸이 아프기라도 하면 본인도 힘들지만 공동체 전체가 힘들어지게 되므로 서로 아프지 않도록 돌보는 것은 기본 중의 기본이다. 부러졌다가 다시 붙은 다리뼈 화석이 보여 주듯이 누군가를 돌보는 것에서 문명이 시작되었다는 마거릿 미드의 말처럼 의사 없이 문명권 수백 마일 밖으로 나온 수십 명의 공동체는 서로를 돌보는 일을 게을리 하지 않는다. 미리 챙겨온 각종 에너지 드링크나 쌍화차, 몸살약 등은 배에서 아주 요긴하게 쓰인다.

한배를 탄 운명 공동체는 맑고 쾌청한 날에도, 거친 폭풍우와 아파트 3층 높이의 파도가 출렁이는 날에도 좋든 싫든 동고동락한다. 아무리 대형 연구선이라고 해봐야 어마어마하게 넓은 대양에 비하면 마치 모래사장의 바늘이나 마찬가지이다. 불안하기 짝이 없는 작은 배에 의존해서 수천 미터 두께의 바닷물 위에 뜬 채 망망대해를 다니며 탐사하는 이 작은 커뮤니티가 무사히 항해를 마치고 다시 항구에 도착하기 위해서는 중요한 건 뭘까?

연구선 내에서 서로 격려와 응원을 아끼지 않는 모습은 매우 바람직하지만, 항상 100퍼센트 완벽한 공동체 생활이 이어지는 것은 아니다. 사람 사는 곳이라면 어디라도 마찬가지지만, 이 작은 공동체 생활에서도 규칙을 잘 지키는 것이 중요하다. 우리가 바다 위에 고립되어 있다는 것을 생각하면 특히 중요하다. 그래서 출항 전에는 필수로 선내 생활 안전 교육을 받는다.

그럼에도 불구하고 위험한 개인행동으로 배에 탄 모든 사람에게 걱정을 안기는 경우가 가끔 발생한다. 특히 선박에서의 화재는 매우 위험하기 때문에 안전 교육에서도 이 부분은 상당히 중요하게 다룬다. 망망대해 한복판에서 선박에 큰 화재가 발생했는데 만약 불을 끄지 못하고 비상 탈출이라도 해야 하는 상황이 온다면, 상상조차 끔찍하다.

2010년대 후반 연구 크루즈에서의 일이다. 연구원 중에는 당연히 흡연자들도 있다. 배에서 흡연을 금지하는 것은 아니지만 흡연은 반드시 갑판에 철제로 된 구역에서만 하도록 안내한다. 당연히 담배꽁초 하나도 '잘' 버려야 한다. 그런데 누군가 플라스틱으로 된 요구르트 통에 불씨가 살아있는 담배꽁초를 버리고 이를 비닐봉지에 담아 그대로 실내 쓰레기통에 버린 모양이었다. 쓰레기통에서 시작된 화재가 점점 커져 복도에 연기가 자욱해졌다. 이내 화재 알람이 울렸다. 그동안 화재에 대비해 여러 번 훈련했지만 이번에는 훈련이 아니라 실제 상황이었다. 다행히 노련한 승조원이 불이 크게 번지기 전에 발견해서 빠르게 진화에 성공했기에 망정이지 그러지 않았으면 겪지 않아도 될 끔찍한 경험을 할 뻔했다. 사건 종결 직후 연구선에 승선했던 연구원, 그리고 승조원 전원이 모여서 다시 안전 교육을 받으며 주의와 핀잔을 받았다. 불씨의 원인을 제공한 연구원이 누구인지 모두 알고 있지만 그를 탓하기보다는 앞으로 그런 일이 생기지 않도록 모두가 더 주의를 기울이기로 잘 마무리했다.

함께 연구 활동 외에도 24시간 붙어 지내며 생활 자체를 같이 하다 보면 서로의 성격이나 습관도 잘 보이고 그 와중에 서로 눈이 맞아 결혼까지 골인하게 되는 연구원들도 있다. 특히 무려 2개월이라는 긴 승선 조사를 함께 하는 쇄빙 연구선 아라온호에 동승했던 연구원들이 나중에 부부가 되었다는 소식은 이젠 놀라운 소식도 아니다. 내가 전해 들은 부부만 해도 벌써 세 쌍이나 된다.

영화나 소설에서 과학자들끼리 배나 우주선을 타고 나가면 블록버스터 같은 일들만 일어나던데, 바다 위에 고립되어 특별할 것 같지만 이곳도 역시 사람 사는 곳이라는 걸 다시 한번 느끼게 된다.

파도 위에서 잠자기

배는 일단 한번 바다로 나가면 다시 입항할 때까지 꼼짝없이 배 안에서만 있어야 한다. 극단적으로 생각하면, 창살 없는 감옥에 수감되는 것과 다름없다. 감옥에서는 흔들리지 않는 침대에서 잠을 청할 수 있지만 배 안에서는 그조차 허용되지 않으니 어쩌면 더 힘든 일상일 수도 있다. 그러나 인간의 손길이 닿지 않은 망망대해 한복판에서 매일 깨끗한 공기를 마시고, 구름이 아니라면 가리는 것 하나 없는 투명한 햇살과 바람을 느끼고, 머리 위로 쏟아지는 별을 보다 보면 어느새 갑갑함과 힘듦은 잊고 내가 물살을 가르고 항해하고 있다는 벅찬 감동만 남는다. 날것의 자연 속으로 가장 깊숙하게 진입하여 인류의 최전방에서 탐사한다는 뿌듯함으로 몸과 마음이 가득 채워지는 건 덤이다.

오랜 시간을 배 안에서 생활하기 위해 각자 가져오는 개인 짐 중에는 재미있는 물건들도 있다. 요즘은 대양에서도 인터넷 연결이 되지만 불과 몇 년 전만 해도 위성 통신으로 인터넷을 연결하는 비용이 너무 비싸서 사용하기 어려웠다. 물론 지금도 용량이 큰 파일을 다운로드 하거나 동영상을 보기에는 어려움이 있다. 그래서 사람들은 저마다 좋아하는 책이나 취미거리를 만들어 가져오곤 한다. 자신이 좋아하는 커피 원두와 그라인더를 가져온 사람들이 바로바로 내려주는 커피는 매일 받는 선물 같았다. 배 안에는 간단히 운동을 할 수 있는 공간도 있다. 가볍게 즐길 수 있는 탁구는 항상 인기 종목이다.

내가 챙기는 물품에는 쌍화차가 빠지지 않는다. 감기 기운이 있을 때 따뜻하게 한잔 타서 마시거나 몸이 아픈 동료에게 주기도 한다. 혹시 몰라 챙기는 몸살약과 비타민도 배 안에서는 귀하다. 꼭 내가 먹지 않더라도 누군가에게 도움이 되곤 했다.

특별할 일이 적은 배에서 맞이하는 생일은 특별한 이벤트

바다 위에서 보는 파도는 더 사나워 보인다.

가 된다. 승선 기간 중 누군가의 생일이 되면 미리 준비해 둔 케이크로 다 힘께 생일을 축하해 준다. 항구에서 미리 준비했던 케이크 수보다 더 많은 사람의 생일이 찾아오게 되는 경우에는 초코파이나 작은 간식들로 케이크를 만들어 어떤 형태로든 그날의 주인공이 특별한 시간을 보낼 수 있도록 함께 축하해주며 즐거운 시간을 보낸다.

한 번이라도 배를 타고 바다로 나가본 사람들이라면 잘 알 수 있듯, 배 안에서는 모든 것이 흔들린다. 심지어 침대에 누워 있어도 몸이 들썩들썩할 때가 많다. 그 때문에 배 안에서는 어떤 물건이든 잘 고정해두는 것이 아주 중요하다. 배 안에서는 관측 장비나 각종 물품을 담은 상자들과 서랍장 하나까지도 고정을 잘 해두지 않으면 금방 와르르 쏟아져 난장판이 되기 일쑤다. 한순간도 고정되어 있지 않고 끊임없이 흔들리는 배 안에서 생활하려면 책상 위에 올려둔 물건들이 수시로 바닥에 떨어지는 일은 대수롭지 않은 일상으로 받아들여야 한다.

아무래도 흔들림을 최소화하는 것이 중요하다 보니 배 안의 물건과 집기들은 흔들림 방지를 우선으로 고려하여 설계되었다. 배 안의 거의 모든 가구는 단단히 고정되어 있고, 배가 요동칠 때 잡을 수 있도록 손 닿는 곳마다 손잡이가 설치되어 있다. 배 안의 식당 테이블은 흔들리는 배에서 식기가 밀려 바닥으로 떨어지지 않도록 가장자리 끝부분이 살짝 올라와 있다.

배를 타고 생활하다 보면 책상에 미끄럼 방지 패드를 놓고 그 위에 물건들을 올려 두는 것이 습관이 된다. 아예 미끄럼 방지 패드가 붙은 컵을 사용하기도 한다. 예전에는 마트에 갈 때마다 컵을 파는 곳에 한참 서서 사다리꼴 모양의 머그컵을 찾곤 했다. 사다리꼴 모양의 머그컵은 아래쪽의 면적이 더 넓어서 배가 흔들려도 잘 넘어지지 않기 때문이다. 요즘에는 진공으로 컵을 고정해 미끄러지지 않도록 만든 컵도 있고, 흔들리는 것만으로는 열리지 않고 사람이 열어야만 열리는 책상 서랍 등 다양한 제품이 있어 유용하게 활용하고 있다.

먼바다에 나올 때 가장 걱정스러운 건 역시 풍랑이다. 거기서 비롯된 풍습도 있다. 바로 '적도제'이다. 예전에는 적도를 가로지를 때 안전하게 통과하는 것을 기원하기 위해 배에 탄 죄인들 중에서 처음으로 적도를 통과하는 죄인들을 제물로 삼아 고사를 지냈다고 한다. 바람과 해류의 힘으로 항해하던 과거에 적도 부근 무풍지대에 갇혀 굶어 죽는 것이 두려워서 시작되었다는 설도 있다. 이제는 바람과 해류가 아닌 엔진의 힘으로 항해하기 때문에 무풍지대를 두려워하지 않아도 되지만, 풍습처럼 지내는 배들도 있는 모양이다. 나는 아직 적도제를 지내본 적이 없지만 다른 배를 탔던 연구원이나 승조원들로부터 적도제 경험담을 전해들었다. 배를 탈 땐 늘 좋은 기상을 꿈꾸지만 우리들 인생사처럼 항상 좋은 날만 있기는 어려운 법이다. 태풍과 같은 강풍이 불어 거친 바다를 맞닥뜨리는 날이 있기도 하는 법이다.

캘리포니아 앞바다에서 승선 조사를 하던 때이다. 날이 좋지 않아 걱정하고 있었는데 아니나 다를까 배가 심하게 요동치기 시작했다. 연구 목적상 중요한 연구 해역으로 이동하며 데이터 수집을 위한 관측 장비를 다루느라 꼬박 하루를 잠도 자지 못했다. 마침내 짬이 생겨 몇 시간이나마 잘 수 있게 되었다. 그 전에 피곤한 몸을 이끌고 샤워실로 들어갔다. 흔들리는 배 안에서는 샤워조차 쉽지 않다. 샤워 부스 안쪽 벽에는 튼튼한 손잡이가 하나 있었는데, 한 손으로는 그 손잡이를 잡은 채 다른 한 손으로 머리를 감아야 했다. 배가 심하게 흔들리는 상황이라 손잡이를 잡은 손에 힘이 잔뜩 들어갔다. 샤워를 마치고 이층 침대 위 칸으로 올라가 드

거친 풍랑을 잊게 하는 바다의 노을. 저녁 식사 후 냉동고에서 마음에 드는 아이스크림 하나를 집어 들고 갑판에 나와 열대 바다 수평선에 걸린 태양이 만들어내는 무지개와 노을을 바라보면, 마음까지 정화되는 느낌이 든다.

디어 몸을 돌려 누웠다. 너무 피곤한 나머지 눕자마자 잠이 들었다.

얼마나 잤을까? 몸이 좌우로 많이 흔들리더니 나는 갑자기 바닥에 내팽개쳐졌다. 난데없이 바닥에 부딪히며 잠이 확 깨 버렸지만, 워낙 피곤했던 탓에 아픈 건 신경쓸 새도 없이 다시 침대로 올라가려는데 아래 칸에 잠들어 있는 동료 연구원이 흔들림도 없이 자고 있는 게 눈에 들어왔다. 자세히 보니 침대에 있는 벨트로 몸을 고정하고 있었다. 물건만이 아니라 사람도 잘 때 제대로 고정해야 했다는 걸 깨달은 순간이었다. 이층 침대로 올라간 나는 아래 칸 동료처럼 내 몸을 침대에 제대로 고정하고 나서야 길게 잠을 잘 수 있었다.

오랜 승선 경험 때문인지, 내 타고난 성격 때문인지 배 위에서 급박하고 위험한 일들을 겪어왔음에도 불구하고 배가 육지보다 특별히 더 위험하다고 생각하진 않는다. 배를 타러 가는 사람을 배웅하는 입장의 사람들, 특히 가족들은 동의하지 않겠지만. 나는 육지도 육지 나름이고 배나 비행기에서 위급 상황이 생기는 일은 당연히 있기 마련이라고 생각한다. 또, 쇄빙 연구선과 같이 비교적 많은 인원이 승선하여 오랜 기간 항해하는 연구선에는 선의로 불리는 의사 선생님이 함께 승선하기 때문에 바다 위가 육지보다 부족하다고 느낀 적도 별로 없다.

한편으론 아무나 할 수 없는 경험을 위해서 그 정도 위험을 감수하는 건 당연히 지불해야 하는 값이라는 생각이 들기도 한다. 아무도 손 담가본 적 없는 바닷물에 손을 담그고, 주위를 둘러봐도 보이는 건 수평선뿐인 수면 위에 밤낮으로 누워보며, 누군가는 지도로만 또 누군가는 노래 가사로만 접해본 태평양과 대서양과 인도양을 직접 누벼볼 수 있다면야. 만약 그런 것들을 포기하고 안전하게 육지 위의 실험실에서만 연구를 하라고 한다면 이젠 못할 것 같다.

가끔 내가 과학자인지 탐험가인지 스스로도 아리송할 때가 있다. 확실한 건 미지의 바다가 나를 끌어당기고 있으며 그렇다면 나는 속절없이 나아갈 수밖에 없을 것이다.

예상치 못한 손님

직접 배를 타고 넓은 바다에 나가 연구를 하는 과학자의 모습을 어부와 비슷하게 생각하는 사람도 있는 것 같다. 하긴, 바다 위에서 컴퓨터 화면을 바라보는 것보다 갑판 위에 서서 바다에 낚싯대를 드리운 모습을 떠올리는 게 더 자연스럽긴 하겠다. 바다에서 무거운 장비들을 건져올리는 것보다 고래나 상어, 청새치를 건져올리는 게 더 그럴듯하기도 하고.

연구 크루즈에 어떤 연구팀이 올라탔는지에 따라 다르지만 해양 생물 시료 수집을 목적으로 하는 연구팀이 승선하지 않은 이상 고래나 상어를 만날 일은 별로 없다. 나의 세부

분야 역시 눈에 보이는 생명체가 아니라 바다의 물리적인 환경을 다루는 것이다. 다시 말해 물고기보다 바닷물의 수온이나 흐름의 속도(유속)와 같이 주로 숫자로 된 데이터를 본다. 그러나 해양 생물을 만날 기회가 아예 없는 것은 아니다. 아주 가끔 해상 실험 중 전혀 예상치 못한 손님을 만나기도 한다.

미국 해양 기상청 소속 태평양 환경 연구소 연구진과 공동으로 한미 인도양 공동 승선 조사에 참여했던 최근의 일이다. 우리 연구선은 열대 서인도양 내 특정 해역 수천 미터 바닷속에 1년 전에 설치해 둔 장비를 회수한 후 같은 위치에 새로운 장비를 설치하려고 해당 장소로 이동 중이었다. 목표 위치 도착을 20시간 정도 남겨둔 시점에 갑자기 장비의 위치가 변했다. GPS 위성 신호를 통해 장비의 위치를 확인하고 있었는데, 장비가 원래의 위치를 이탈해 동쪽으로 표류하기 시작한 것이다. 원래 이 장비는 해저에 설치한 무거운 계류추에 로프 등으로 연결하여 해표면에 떠 있도록 설계한 것이기 때문에 다른 곳으로 표류하지 않고 항상 같은 위치에 고정되어 있어야 했다. 장비가 위치를 이탈하고 표류한다는 건 계류추와 연결된 로프가 끊어졌음을 의미했다.

다행히 해표면에 떠서 표류하는 부이(buoy)에서 GPS 좌표를 전송하도록 만들었기 때문에 장비의 위치를 계속 추적할 수 있었다. 비록 해류를 타고 30마일(약 54킬로미터)이나 동쪽으로 떠내려가고 있었지만 이동 속도가 0.7노트(1노트는 1시간 동안 1마일을 이동하는 속도. 1마일은 약 1852미터)라서 약 10노트 정도의 속도로 이동 중인 연구선이 오래 걸리지 않아 충분히 따라잡을 수 있었다. 더구나 표류 중인 부이 아래의 계류선에 부착된 여러 센서들도 유실되지 않고 그대로 달려 있어서 센서 측정 데이터는 여전히 잘 전송되고 있었다. 측정된 자료가 전송된다는 것은 센서가 위치한 수심보다 더 깊은 곳에서 로프가 끊어졌다는 의미였고, 해수면에 표류 중인 부이를 찾기만 한다면 계류 로프와 와이어에 부착된 측정 센서들, 와이어 케이블과 로프 등을 모두 회수할 수 있었다.

연구팀은 해당 위치에 도착해서 해수면에 떠 있는 부이를 찾기 위해 연구선의 거대한 서치라이트를 켰다. 운 좋게도 서치라이트로 비춘 곳에 부이가 있었다. 노련한 승조원이 레이더 신호를 잘 찾은 덕분이었다. 넓은 바다 한가운데에서는 1킬로미터만 벗어나도 좁쌀보다 작게 보인다. 부이의 위치 좌표를 GPS와 레이더로 확인 후 연구선을 좌표 바로 가까이 붙였기 때문에 바로 찾을 수 있었던 것이다.

부이 아래에 주렁주렁 매달아 둔 센서들도 차례차례 회수했다. 데이터 전송을 위해 부이 아래에는 와이어 케이블이 연결되어 있고 센서들은 이 케이블에 붙어 있었다. 수심 500미터에 위치했던 마지막 센서까지 모두 연구선 갑판으로 끌어올려 회수한 뒤에도 부이에 달린 로프를 계속 감아 끌어올렸다. 로프의 절단된 부분이 나올 때까지 올리려는 것이었다. 그런데 갑자기 갑판장이 상기된 목소리로 외쳤다.

"상어다!"

절단된 로프 끝부분에 상어가 감겨 있었다. 세 줄로 된 이빨에 로프가 걸려 이를 빼지 못하고 수심 1천 미터에서부터 해수면까지 끌려온 것이다. 상어를 보고자 사람들이 모두 선미 쪽으로 몰려 들자 갑판장이 이들을 통제했다. 상어는 계속 입을 움직이며 눈을 껌벅껌벅하고 있었다. 갑판장이 나이프로 로프를 끊었고, 상어는 바다로 돌아갈 수 있었다. 언제 찍었는지 그새 상어의 사진을 찍은 연구원들은 사진 속의 상어가 주로 수심 1천 미터에서 사는 희귀한 빅아이 샌드 타이거(Bigeye Sand Tiger) 상어라고 했다. 인간이 설치한 로프에 걸려 죽을 위기에 처했다가 기사회생한 상어가 다시 인도양 한복판을 자유로이 헤엄치기를 다 같이 바랐다.

남극 연안 조사 중에는 펭귄을 만난 적이 있다. 바다에서 만나는 모든 동물이 다 특별하지만 특히 펭귄은 남극에서만 볼 수 있는 친구라 그런지 더 특별하게 느껴졌다. 함께 아라온호에 승선했던 몇몇 동료들은 드론을 날려 멀리 보이는 펭귄에 가까이 접근해 사진을 찍기도 했다. 나도 이 책에 내가 찍은 펭귄 사진을 최초 공개했다면 좋았겠지만, 안타깝게도 당시 내 휴대폰 카메라로는 멀리 있는 펭귄을 담을 수 없었다.

드론이 보여준 펭귄들은 내가 정말 남극에 있다는 것을 생생하게 느끼게 해주었다. 확실히 자신의 터전에서 맘껏 뛰어노는 동물들은 에너지가 넘친다. TV나 책 혹은 동물원에서만 보던 펭귄들이 자연의 상태로 무리를 지어 다니는 모습을 보는 순간 지구가 정말로 인간의 것만이 아님을 깨달았다.

우리 해양팀은 아라온호에서 하선할 기회가 없어 펭귄을 근거리에서 만나지 못해 아쉬웠지만 빙하 탐사를 목적으로 승선한 빙하팀은 헬리콥터를 이용해서 빙하 위에 상륙해 2주 남짓 캠핑을 했다. 그들은 펭귄과 물개 등 좀 더 많은 남극 생물들과 가까운 거리에서 호흡하며 탐사 작업을 펼치기도 했다.

나에게도 해양 동물을 가까이에서 만나볼 기회가 있었다. 2008년 쯤의 일이다. 스크립스 해양 연구소(Scripps Institution of Oceanography)가 자리한 라호이아 해안에는 1905년에 만들어진 유명한 잔교(pier)가 하나 있다. 우리 연구팀은 종종 그 잔교에서 작은 보트를 내린 후 보트를 타고 연안에 운용 중인 부이에 접근하여 부이에 부착된 측정 장비를 유지, 보수하며 과학 데이터를 수집하고 분석했다. 우리는 보트에 타기 전에 측정 장비를 유지, 보수하는 기술팀 인원들과 함께 장비를 살펴보러 갔다. 기술팀은 보트에 싣고 갈 드라이버, 스패너 등의 공구류 짐을 챙기더니 워터파크에서 아이들이 가지고 놀만한 물총 여러 개도 따로 챙겼다. 물총을 챙기는 폼이 비장하기까지 해서 황당한 얼굴로 기술팀 연구원들을 쳐다보니 그들은 곧 재미있는 것을 보게 될 거라며 씩 웃었다.

우리는 소형 트럭 뒤에 각종 장비와 공구류 짐을 실은 보트를 연결한 뒤 트럭을 타고 잔교 끝까지 이동했다. 잔교 끝에 위치한 크레인으로 보트를 10미터 아래의 해수면까지 내려 물 위에 띄운 후 사다리를 타고 잔교를 내려가 보트에 탑승했다. 보트를 몰고 부이까지 가는 중에 돌고래 떼가 보트 옆으로 다가와 마치 우리의 항해를 응원하는 듯 해수면 위

사진의 잔교는 스크립스 해양 연구소의 잔교는 아니다. 스크립스 해양 연구소의
잔교는 훨씬 더 첨단 기지처럼 생겼다.

로 점프하며 함께 헤엄쳤다. 바닷물을 가르며 달려나가는 보트와 그 옆을 함께 헤엄쳐 나가는 돌고래 떼라니…. 마치 어렸을 적 보던 만화 영화 속 한 장면에 들어와 있는 것 같았다.

영화 같은 항해 끝에 저 멀리 부이가 보였다. 그런데 부이에 가까이 접근할수록 부이 위에 뭔가 이상한 것들이 놓여 있는 것이 보였다. 바로 부이 위에 올라앉아 쉬고 있는 물개들이었다. 아마도 넓은 바다를 헤엄치고 다니는 그들에게 바다 한가운데에 있는 부이는 일광욕을 즐기며 쉴 수 있는 좋은 쉼터나 마찬가지였을 것이다.

기술팀 연구원들이 물총을 꺼내 바닷물을 장전하기 시작했다. 우리는 드디어 물총의 쓰임새를 알 수 있었다. 우리가 부이에 올라타기 위해선 미안하지만, 물개들을 밀어내야 했다. 그러나 쉼을 방해받은 물개들의 저항도 만만치 않았다. 올라가려는 인간과 내려가지 않으려는 물개 사이에 가벼운 실랑이가 계속되었다. 물총의 물줄기를 피해 고개를 이리저리 돌리며 피하던 물개들이 결국 항복을 선언하며 모두 바닷속으로 피하고 나서야 우리는 로프로 보트와 부이를 연결하고 마침내 부이에 오를 수 있었다. 우리가 얼른 작업을 마치고 떠나길 바라는 물개들이 주위를 맴돌며 해수면 위로 고개를 내밀고 재촉하는 바람에 몸과 마음이 급했다. 우리가 작업을 마치고 보트를 타고 돌아 나오자 물개늘은 기다렸다는 듯 다시 부이에 올라탔다. 관측 장비인 부이가 물개들의 안식처가 되기도 한다는 사실이 재미있으면서도 물개들이 제발 센서들을 상하게 하지 않길 바랐다.

물가쿠

대학원 입학 후 초창기에는 동해 연안의 천해에서 주로 소형 어선을 타고 승선 조사 활동을 했다. 당시 우리가 자주 대여하던 어선은 '하나호'였는데, 선장님 따님의 이름을 딴 소형 통발 배였다. 평소에는 돼지 비계를 미끼로 문어를 잡는 배였다. 선장님은 그 지역 토박이셨는데, 우리 연구팀과 인연을 맺고 감사하게도 적극적으로 도움을 주셨다.

당시만 해도 타지역 사람들이 바다에 접근하는 것을 경계하는 분위기였다. 우리에겐 바다가 탐구의 대상이지만 지역 주민들에게는 생계가 달린 공간이기 때문이다. 연안 바닷속에 뭔가 수상해 보이는 장비를 던졌다가 건져 올리는 행동이 지역 사람들 눈에는 곳곳에 설치된 그물을 훼손하고 어업 활동을 방해하거나 수산 자원을 훔쳐가리는 도둑으로 보이기 충분했다. 현지 사정을 잘 아는 선장님과 같은 주민들의 도움 없이는 바닷속에 장비를 투하하며 연구하기가 매우 어렵다.

연구선에는 연구원만이 아니라 수십 명의 승조원들이 함께 승선해서 선박 운항, 갑판 작업, 식사 등 여러 지원을 제공하지만, 하나호는 소형 어선이라 선장님이 항해사이자 갑판장이고, 기관장이자 조리장 역할을 하셨다. 선장님은 오른손에 담배를 든 채로 왼발로 버티고 서서 오른발로 방향타, 왼손으로 엔진 출력을 조절할 수 있는 베테랑이었다. 목적지에 배가 멈추면 갑판으로 와서 연구팀의 작업을 돕고, 점심 시간이 되면 손수 요리까지 해주셨다. 그뿐만 아니라 지역 토박이답게 그 지역 바닷속 세상도 훤히 알고 계셔서 연구 활동에도 많은 도움을 주셨다.

특히 당시에는 GPS 오차가 커서 우리는 어선에 별도로 정밀한 GPS 안테나를 설치하고 관측 장비를 내려야 하는 위치를 찾아가 배를 멈춰 달라고 말씀드리곤 했는데, 나중에는 GPS 좌표를 확인하지 않고도 놀랍도록 정확한 위치에 멈춰 주셨다. 바다에서 육지 쪽을 볼 때 보이는 지형, 지물을 이용한 삼각 측량으로 바다 위에서 우리의 현재 위치를 어느 정도 알 수 있지만 그토록 오차없이 위치를 찾아낼 줄은 전혀 예상하지 못했다. 어느 정도로 정확했냐면 나중에는 우리 연구팀이 별도의 GPS 안테나를 설치하는 작업 자체가 불필요하다고 느낄 정도였다.

선장님이 잡는 문어는 차가운 바닷물을 좋아해서 수온이 섭씨 5도 이하가 되어야만 해저면 부근에 나타난다고 했다. 선장님은 우리가 측정 장비를 내렸다가 올릴 때마다 해저면 부근의 수온이 몇 도인지 늘 궁금해하셨다. 그 지역 수심 50미터 아래의 바닷물은 봄철이 되면 매우 차가워져(섭씨 5도 이하의) 문어를 잡기 좋은 환경이 되었지만, 며칠 사이 환경이 급변하기도 했고, 전반적으로 수온이 높아지는 해에는 문어가 잘 잡히지 않는 환경으로 변하기도 했다. 의도한 건 아니었지만 우리의 연구가 어업 활동에 도움이 되자 나중에는 동해시와 연구팀이 협조하여 어판장 앞에 전광판을 설치하고, 우리가 측정한 수심별 수온 등의 실시간 바닷속 환경 정보를 어촌 주민들이 확인할 수 있도록 했다. 연구 활동에 여러 도움을 많이 받은 우리도 지역에 뭔가 도움이 되는 정보를 제공하고 싶어서였다. 선장님은 매일 아침 전광판에서 바닷속 수온을 확인하고 문어를 잡으러 나갈지 결정하셨을

거다. 바닷속 환경 정보는 우리가 하는 연구로 얻는 부수적인 것이었지만 그것이 선상님과 같이 어업에 종사하는 분들께 도움이 된다고 생각하니 보람이 생겼다.

그렇지만 역시 우리가 더 많은 도움을 받았다. 하나호 선장님은 우리가 해상 실험을 설계할 때에도 큰 도움을 주셨다. 당시 우리 연구팀은 내부파라고 부르는 바다 내부의 거대한 파동을 측정하고자 해상 실험을 계획했는데, 관측 장비를 설치할 때 얼마만큼의 거리를 두고 서로 다른 장비를 설치할지 고심하고 있었다. 측정한 자료로부터 내부파의 전파 속도를 계산하려면 대략적인 전파 속도를 예상해서 측정 시간 간격과 장비 사이의 거리를 설정해야 했는데, 이 해역의 내부파를 최초로 관측하려는 우리 연구팀은 대략적인 전파 속도를 예상할 수 없었다. 그 때 하나호 선장님이 이를 알려주신 것이다.

과학적인 조사나 연구를 하신 건 아니지만 삶의 터전이 되는 바다를 오랫동안 누비면서 선장님은 내부파의 존재를 이미 알고 계셨다. 선장님은 그걸 '물가쿠'라고 했다. 봄철이 되면 '물가쿠' 현상이 생기는데, 해수면에 떠 있는 물질들이 띠의 형태로 길게 늘어서며 해안 방향으로 서서히 이동한다는 것이다. 우리 연구팀은 선장님이 말씀하신 '물가쿠'가 과학적으로는 내부파라는 것을 알게 되었고, 선장님이 기억하는 '물가쿠'의 이동 속도를 고려해서 매우 적절하게 실험을 설계할 수 있었다. 장비 사이의 거리와 측정 시간 간격을 잘 설정할 수 있었던 덕분에 우리는 다른 해역에서 발견되었던 형태와는 뚜렷하게 구별되는 새로운 형태의 내부파를 한국 동해 연안에서 세계 최초로 발견하여 국제 학계에 발표할 수 있었다.

　해가 막 뜨기 시작한 이른 아침, 하나호를 타고 바다로 나가면 해질녘에 돌아오는 경우가 많아 점심 식사는 주로 바다 위에서 해결해야 했다. 육지의 식당에서 미리 주문한 음식을 배에 싣고 출항했다가 점심 시간에 먹는 경우도 있었지만, 선장님은 문어 전문가답게 문어 라면, 문어 회, 삶은 문어 등 각종 문어 요리를 자주 만들어 주시곤 했다. 너무 문어 요리만 먹어서 좀 질린다 싶으면 선장님은 근처에 보이는 다른 어선들을 "어이~" 하고 불러 세웠는데, 그러면 다른 어떤 말이 없어도 또다른 배의 선장님들은 잡은 물고기를 우리 배로 던져 주곤 했다. 덕분에 우리는 문어가 아닌 다른 해물 요리를 맛볼 수 있었다.
　어느 날은 낮에 일찍 작업을 마치고 항구로 복귀했는데,

항구에 사람들이 모여 수북하게 쌓인 새우 껍질을 까고 있었다. 뭔가 일손이 부족해 보여서 그랬는지, 아니면 선장님과 다 친한 동네 사람들이라 그랬는지, 우리 연구원들은 선장님과 함께 자연스레 그곳에 합류해서 어느새 새우 껍질을 까고 있었다. 사실 우리가 껍질을 깐 새우보다 먹어 치운 새우가 더 많았을 것 같지만.

하나호 이야기를 하면 C형의 이야기가 빠질 수 없다. C형은 하나호 선장님의 친구였는데 내가 아는 가장 멋있는 잠수부이다.

우리가 '앞바다'로 부르는 얕은 수심의 천해가 비록 심해보다 접근성이 좋다 하더라도 육지처럼 원하는 장소로 바로바로 찾아갈 수 있는 것은 아니다. 강원도 동해시 동해항, 묵호항, 대진항, 어달항 그리고 망상 해변 일대에서 수십 차례의 조사 활동을 벌이며, 원하는 위치에 관측 장비를 설치하기 위해 관측 장비를 수없이 배에서 내리고 올렸다. 여러 환경 변수를 측정하기 위해 많은 땀방울을 흘려야 했던 기억은 지금까지도 잊을 수 없는 추억이다.

한번은 망상 해변에서 불과 2킬로미터 남짓 떨어진 수심 27미터의 천해역에 수심별로 유속을 측정하는 장비를 설치하려 했다. 당시 우리가 사용한 장비는 해저면에 설치하여 해수면을 바라보며 음파를 쏘고, 돌아오는 음파의 도플러 변이(바닷물이 음파와 같은 방향으로 이동하며 멀어지는 경우 혹은 반대로 음파의 정반대 방향으로 이동하는 경우에 음파 특성이 변화하는 특징)를 이용해서 유속을 측정하는 것이었는데, 과연 장비를 바닷속으로 투하했을 때 이 장비가 정상적으로 위쪽을 보며 가라앉을지 아무도 확신할 수 없었다. 만약 가라앉다가 암초에 부딪히거나 다른 어떤 이유로든 뒤집힌 채 해저면에 놓이게 되면 아래쪽을 보면서 음파를 쏘게 되므로 제대로 측정할 수 없었다.

결국 누군가는 직접 수심 27미터의 해저면까지 잠수하여 장비를 직접 눈으로 확인하고, 만약 뒤집혀 있다면 다시 설치해야 하는 상황이었다. 이때 잠수를 비롯한 장비 운용 전반을 도맡아 해 주신 분이 C형이다. C형 역시 그 지역에서 나고 자란 토박이였고 '하나호'의 선장님과 어렸을 적부터 친구이기도 해서 서로 손발도 잘 맞았다. 배에서 장비를 투하한 후 C형과 동료 잠수사가 해저 깊숙이 잠수하여 장비가 제대로 설치된 것을 확인하면 수 개월 후 다시 와서 장비를 회수하는 방식으로 함께 일했다. 그 후로도 우리는 전문적인 잠수를 도맡아 해 준 C형 덕분에 천해역의 여러 연구 활동을 순조롭게 이어갈 수 있었다.

　C형은 인도네시아 바다에 보물선 탐사를 다녀온 이야기, 상어 이빨로 만든 목걸이 이야기 등 바다와 바닷사람에 관한 이야기도 많이 들려주었다. 한번은 매우 차고 수압이 큰 해저에 다녀온 C형의 상태가 좋지 않아 해군 특수전 잠수사(UDT)들이 사용하는 감압 챔버에서 응급처치를 해야 했던 적도 있다. 박사 학위 취득 후 한국을 떠나 미국으로 가게 되었을 때, 출국 전 함께 높은 산에 올라 동해 바다를 내려다보며 오래 이야기를 나누기도 했다. 늘 바다와 함께하며 진정한 바다 현장이 무엇인지를 깨우치게 도와준 C형에게는 지금까지도 감사와 존경의 마음이 남아 있다. 하나호 선장님과 C형에게 가장 크게 배운 점은 바로 바다를 마주하고 바다를 탐구할 수 있는 도전과 용기였다.

전설 속의 바다

육지의 끄트머리도 찾아볼 수 없는 망망대해를 항해하는 밤. 주변에 다른 선박도 없고 내가 타고 있는 선박의 불빛조차 희미해진 갑판에 서서 하늘을 올려다보면 유난히 밝은 별들을 볼 수 있다(배 앞쪽은 항해사들이 밤에 잘 볼 수 있도록 모든 불을 꺼둔다). 사람들은 별을 찾아 산으로, 들로 나가 별의 아름다움을 이야기하지만, 검은 바다 위에서 보는 별빛이 찬란하다 못해 경이롭기까지 하다는 사실은 오직 먼바다에 나가본 사람만이 누릴 수 있는 특권일 것이다.

가끔은 당장이라도 쏟아질 것처럼 흐르는 은하수를 볼 수 있었다. 가족들에게도 보여 주고 싶어서 카메라의 노출도 길게 해보며 어떻게든 사진으로 담아 보려고 애를 썼지만 전문 사진사가 아니라 그런지 그런 장관은 사진으로 담기 어려웠다. 고독한 선상 생활에서 함께 보고 감동을 나눌 수 있는 동료들이 있어 외롭지 않은 밤이었다.

바다 위에 비치는 잔잔한 달빛의 잔상은 어찌나 환상적인지. 그 어떤 예술가가 와도 그 아름다움을 쓸 수도, 노래할 수도, 그려낼 수도 없을 것 같다는 생각이 들었다. 결국 눈에 잘 담아 두는 수밖에 없다고 생각해서 갑판에 한참을 누워 있곤 했다. 그렇게 하늘을 올려다보고 있으면 세상의 일들이 멀게 느껴지고, 나와 세상에 관대해지고, 자연이 주는 경이로움에 몸과 마음이 경건해지는 것만 같다. 윤동주의 〈서시〉, 〈별 헤는 밤〉 같이 별을 노래한 시들이 절로 생각나는 밤이기도 했고 둘다섯이 부른 〈밤배〉가 생각나기도 하는 밤들이었다.

그런데 가끔 바다 위에 반짝이는 빛들이 달빛이나 별빛만은 아니라는 사실을 알게 되었다. 바다에는 움직이기만 해도 빛을 내고, 접촉하면 저절로 번쩍번쩍 발광하는 플랑크톤도 있다. 심해의 많은 포식자는 아예 서치라이트를 켜고 먹잇감을 찾아다니기도 한다. 육지의 깊은 동굴 속 웅덩이나 개울에 사는 물고기 등이 진화 과정에서 시력을 잃는 것

최선을 다했다. 대자연의 신비를 과학에 담아내는 건 때론 불가능에 가깝다고
여겨질 정도로 어렵다.

과는 달리 심해 생물들은 정반대로 시력이 극도로 발달하는 방향으로 진화하여 작은 생물 발광도 감지할 수 있다. 여러 파장의 빛을 감지할 수 있는 수십 개의 광색소가 망막을 채우고 있어서 깜깜한 심해에서도 다른 생물체의 희미한 섬광과 그 색상까지 구분할 수 있다.

반대로 피식자 입장에서는 이들을 피하는 것이 관건이다. 이들의 몸 표면은 주위 불빛을 적게 반사하여 다른 동물의 눈에 덜 띄도록 극도로 검은색을 띤다. '오네이로데스(Oneirodes sp.)'라 불리는 심해어는 검은색 도화지(약 10%의 빛을 반사), 새 타이어(약 1%의 빛을 반사)보다 훨씬 적은 빛반사율을 보이는데, 이는 지구상에서 가장 검은색이라고 한다. 태양이 없는 암흑의 영역에 사는 심해 생물들에게 빛을 만드는 방법과 심해보다 더 어두운 그림자로 숨는 법은 생존전략인 것이다.

바다에서, 그것도 어두운 심해에서까지 이토록 다양한 빛을 관찰할 수 있다니, 놀랍지 않은가? 과학 기술이 눈부시게 발달한 현대에도 바다의 빛들이 경이로운데 과거에는 더 했을 것이다. 바다라는 거대한 공간이 주는 압도감, 함부로 들여다 볼 수 없는 심해의 비밀스러움은 바다를 배경으로 하

63

는 많은 이야기가 탄생하게 했다. 인공위성으로 넓은 해역의 바다 표면 정보를 한번에 수집할 수 있게 된 후에 종종 그 전설 같은 이야기들이 사실로 밝혀지곤 한다.

미국 해양기상청(National Oceanic and Atmospheric Administration)의 지원으로 콜로라도 대학 연구팀과 위성 데이터를 함께 분석하며 논문을 발표한 적이 있다. 논문에 사용한 데이터는 달빛에 비친 바다 표면 발광 생물체에 대한 것이었다.

사실 이 연구는 마치 뉴턴의 사과와 같이 의도하지 않은 우연한 기회로 얻은 성과였다. 대기과학자들로 구성된 콜로라도 대학 연구팀은 위성 신호에 나타난 자료를 분석하다가 대기 신호가 아니라 해양 신호를 발견하곤 해양과학자인 내게 해석을 요청했다. 콜로라도 대학 연구팀과의 공동 연구 과정에서 우리는 연속적인 위성 영상을 통해 추적되는 인도네시아 해역의 내부파에 대한 논문을 발표하며 서로 좋은 연구 성과를 창출할 수 있었다. 그런데 인도네시아 해역의 내부파 연구를 위해 우리가 관찰했던 위성 영상 신호에서 전혀 의도하지 않았던 해양-대기-생물 상호작용의 결과인 '우윳빛' 바다를 우연히 발견하게 되었다. 달빛에 반사된 신호를 정밀하게 측정할 수 있는 위성 센서가 기록한 데이터는 인도네시아 일부 해역과 소말리아 해역의 매우 제한된 구역에서 유독 눈에 띄는 달빛 반사 특성을 보이는 영역이 시간에 따라 분포를 달리하고 있음을 보여주었다. 다른 위성 신호나 현장 관측 데이터와의 비교 분석을 통해 해당 영역 내에 플랑크톤의 번성이 일어나지 않음을 확인한 우리는 이것이 박테리아 번성에 의한 것임을 알고 놀라지 않을 수 없었다. 바로 전설처럼 전해지던 우유빛 바다를 실제로 확인한 것이기 때문이다.

인도네시아 해역과 소말리아 해역 등의 인도양 일부 열대 해역에서는 아주 오래전부터 우윳빛 바다에 대한 목격담이 회자되어 왔다. 선원들이나 항해자들이 밤중에도 환하게 변해버린 선박 주변 바다의 기이한 현상을 목격하고 기록해둔 것이다. 19세기 이후 수십 건의 기록에는 마치 물이 아니라 우유 위에 떠 있는 것 같다는 표현이 종종 등장한다. 에너지 대사 과정에서 빛을 내는 특성으로 볼 때 이 현상이 흔히 알려진 발광 생물이나 플랑크톤이 아니라 박테리아에 의한 것임을 알 수 있는데, 해당 박테리아종의 번성을 가져오는 물리적 환경 요인은 지금까지도 밝혀지지 않았다. 다만 백년이 넘게 전해져 온 '우윳빛' 바다의 실제 분포와 변하는 모습을 최첨단 정지 궤도 인공위성(적도 상공 약 35,800킬로미터에 위치한 인공위성. 인공위성이 지구 주위를 공전하는 주기가 지구의 자전 주기와 같아서 마치 항상 그 자리에 정지해 있는 것처럼 보인다.)에서 촬영한 영상의 달빛 반사 신호로부터 확인할 수 있었다.

플랑크톤 중에는 찬란하고 영롱한 색상으로 발광하는 종류가 꽤 있음이 알려져 있었지만 달빛에 비친 위성 신호를 통해 우윳빛 바다로 변하도록 만든 박테리아 번성 영역을 찾아 해류와 비교하는 등의 연구는 그동안 잘 이루어지지 않았기 때문에 이런 가능성을 보여준 연구라는 보람을 느낄 수 있었다.

우리가 논문으로 연구 결과를 발표한 이후 연구 결과가 신문 기사와 콜로라도 언론사 등을 통해 사회적으로도 주목받으며 연구를 주도했던 콜로라도 대학 연구팀은 많은 곳과 인터뷰를 했는데, 심지어는 내게도 온라인 줌 회의를 통해 당시 우리가 어떻게 공동 연구를 진행했는지 취재 요청을 하기도 했다.

오랜 경험으로 바다 내부의 파동을 이미 '물가쿠'라는 이름으로 알고 계셨던 하나호 선장님이나, 인도양에서 우윳빛 바다를 경험하고 기록했던 선원들처럼, 밝혀지지 않았던 자

깜깜한 무지의 세계 속에서 길잡이가 되는 빛은 예상치 못한 곳에서 등장하곤
한다.

연 법칙이나 과학 현상이 실은 아주 오래 전부터 우리의 삶 가까이에 존재하고 있었단 사실을 새삼 깨달을 때면 아직도 우리가 모르고 있는 것이 얼마나 많은지 다시 한번 생각하게 된다. 연구를 하다가 새로운 주제를 발견하거나 의도치 않은 성과를 얻을 때면 과학이란 역시 개별 현상이 아니라 각 분야가 모두 연결되어 있는 것이라는 것도 또다시 느끼게 된다. 오늘도 각자의 자리에서 진리를 찾기 위해 노력하고 있을 모든 과학자 동료들을 떠올리며 나 역시 노력할 것이다.

갑판 위에서 휴식을

하루 임차 비용만 수천만 원이 드는 연구선을 1~2개월씩 독점할 정도로 많은 연구비를 확보하기란 쉽지 않기 때문에 보통 대형 연구선에는 서로 다른 목적을 가진 다양한 기관의 연구팀이 공동 승선한다. 상황이 그렇다 보니 전체 탐사 기간 중 새로운 사람들을 많이 만나고 서로 친해지기도 한다.

　모든 연구선은 연중 운항 일정이 꽉 채워져 있어 한 연구팀의 목적에 맞는 탐사 일정이 끝나면 바로 다음 연구팀의 탐사 일정에 맞춰 움직인다. 제한된 기간 내에 최대한 많은 연구 활동을 통해 양질의 데이터를 얻기 위해 대체로 탐사 일정은 빡빡하게 계획된다. 물론 기상 상황 등 여러 상황에 따라 계획을 계속해서 수정 및 보완하고, 계획을 수정할 땐 우선순위에서 밀리는 연구 활동부터 취소하여 조정한다. 무리한 탐사 일정으로 바쁜 때는 잠을 줄여 가면서까지 작업할 때도 있지만, 여유가 생기면 짬을 내어 각자 나름대로 의미 있는 시간을 보내며 크루즈 자체를 즐기기도 한다. 바쁜 일정으로 긴장감이 고조되고 수면 부족으로 피곤이 극에 달한 야심한 시간에 동료가 건네는 따뜻한 차 한 잔이 때론 그어떤 말보다도 더 큰 위로와 격려가 되어 준다.

독일 연구선 메테오어호에 승선했던 2013년 여름으로 기억한다. 유럽의 여러 나라에서 연구원들이 왔지만 아무래도 독일 연구원들이 가장 많았는데, 그중에는 독일 대학에서 대학원생으로 활동 중인 학생 연구원들도 있었다. 당시 나는 미국 스크립스 해양 연구소 소속 연구원이어서 미국팀 4인 중 한 명이었지만, 선실 배정은 팀별로 묶지 않았기 때문에 독일팀의 학생 연구원 S씨와 2인실에서 함께 생활했다. S씨는 나보다 키가 최소 20센티미터는 더 크고 매우 훤칠한 젊은 청년이었다. 전체 승선 인원을 크게 두 부류로 나누면 한 그룹은 대기 관측을 하는 기상과학자들이었고,

고된 작업 후 갑판의 모습. 배 위에서 하는 연구는 안전에 대한 긴장감이 더해져
더 고되게 느껴진다.

다른 한 그룹은 해양 관측을 하는 해양과학자들이었는데, S 씨는 기상과학자 그룹에 속했다. 기상과학자와 해양과학자는 서로 수행하는 연구 활동이 크게 다르기 때문에 연구 활동을 함께할 기회는 그리 많지 않았지만 대서양을 횡단하는 한 달의 승선 기간 내내 일상을 함께했다. 여가 시간을 같이 보내며 많이 친해져서 나중에 하선 직후 단체 기념 사진을 찍을 때에도 기상과학자 그룹은 양손 손가락을 위로, 해양과학자 그룹은 아래로 향하도록 하고 촬영했던 기억이 난다.

승선 중 S씨가 가장 즐겨했던 취미 활동은 주갑판보다 두세 층이나 더 높이 위치해서 바람이 꽤 부는 상갑판에 올라가 기둥에 해먹을 걸어두고 수영복 차림으로 음악을 들으며 그 안에 누운 채 일광욕을 즐기며 낮잠을 자는 것이었다. 나는 처음에는 수영복 차림으로 야외에 나오는 것 자체가 부끄럽게 느껴져 엄두도 내지 못했는데, S씨를 보며 자신감을 얻었다. 내가 나중에는 다른 연구원들과 함께 수영도 하고 음악 감상과 낮잠도 즐기며 여유를 찾게 된 건 다 S씨 덕분이었다. 특히 해먹 안에 누워 있으면 배가 좀 흔들려도 흔들림이 거의 느껴지지 않아 더 편안하고 긴장이 잘 풀렸다. 요즘은 선내에도 안마 의자가 있어서 안마 의자에 누워 마사지도 받고 낮잠도 청하지만 그때 메테오어호에는 그런 게 없었기 때문에 상갑판의 해먹이 나의 단골 쉼터가 됐다.

당시 메테오어호 연구선 주갑판의 중앙부에는 대형 수조가 있었다. 원래는 해수를 채워 수중 글라이더라는 관측 장비의 점검과 보정을 하기 위해 설치해 둔 것이었지만, 인공 야외 풀장으로 더 자주 사용되었다. 매일 비키니를 입고 수영을 즐기는 연구원들도 있을 정도였다. 야외 풀장이 충분히 넓었기 때문에 어떤 때는 열대여섯 명의 연구원들이 함께 물놀이를 즐기기도 했다. 나를 처음 풀장으로 인도한 것도 S씨였다. 열대 대서양의 따사로운 햇살, 파도에 흔들리는 연구선과 풀장의 또 다른 파도를 타면서 하는 물놀이. 물놀이를 하다 지치면 큰 타올을 나무 갑판 바닥에 깔고 누워서 발끝에 걸리는 해와 바다를 내려보며 몸을 말렸다. 물론 이 즐거움도 S씨 덕분에 배울 수 있었다. 유럽인들이 얼마나 휴식과 힐링에 진심인지 직접 보고 느끼게 된 기회이기도 했다.

당시 우리는 아메리카 대륙의 카리브해에서 출항하여 서아프리카의 카보베르데로 입항하기 위해 동쪽으로 항해 중이었으므로 하루가 24시간보다 조금씩 짧아지고 있었다. 출항할 때는 카리브해 시간으로 생활했지만 입항할 즈음에

육지에선 매일 보는 노을이어도 바다 위에서 보면 큰 위로가 된다.

는 카보베르데 시간으로 생활했기 때문에 승선 기간 중 시차를 여러 번 조정해야 했다. 대양을 오가다 보면 흔들리는 배만큼 시공간도 흔들리는 기분이다.

식사 시간과 티타임이 정해져 있기 때문에 독일어로 방송되는 시차 조정 안내를 제대로 이해하지 못하거나 잠을 자는 등의 이유로 시간을 놓치면, 식사를 하지 못하는 일도 생긴다. 내가 그런 어처구니없는 일을 겪지 않도록 매번 시차 조정을 알려 준 사람도 룸메이트 S씨였다. 그 외에도 작업할 때 무전기를 들고 승조원과 교신하는 과정에서 영어 대신 필수 독일어 정도는 사용할 줄 알아야 했는데, S씨는 기꺼이 내 독일어 과외 선생님이 되어 주기도 했다.

독일 연구선보다 훨씬 더 많이 승선했던 미국 연구선, 특히 스크립스 해양 연구소에서 운용하는 연구선에서는 다른 배보다 다양한 사람들을 만날 기회가 많이 있었다. 오랜 기간 함께 일했던 해양물리학 분야의 권위자 우베 젠트(Uwe Send) 교수님이 캘리포니아 대학교에 개설한 교과목 중에는 '선상 실습(At-sea course)'이 있었다. 수강생들은 수업 시간에 실제로 연구선에 승선해서 관측 장비를 직접 다뤄보며 선상에서의 연구 활동과 승선 생활 자체에 대해 배운다.

당시 나는 선상 실습 수업의 조교를 맡아 연구선에 승선하여 여러 관측 장비의 사용법과 안전한 승선 연구 활동을 위한 노하우 등을 학생들에게 소개했다. 수업을 하면서 많은 학생을 만났지만, 그 중 박사과정 대학원생 D씨와의 연구가 기억에 많이 남는다.

D씨는 매우 열정적이고 진지한 자세가 유난히 눈에 띄는 학생이었다. 당시 D씨의 지도 교수였던 리사 레빈(Lisa Levin) 교수님은 해양생물학 분야의 세계적 석학이었는데, 우베 젠트 교수님과도 공동 연구를 진행했다. 자연스럽게 나도 D씨와 자주 만나 그녀의 박사 학위 논문 연구에 필요한 데이터 수집, 처리, 분석 등 전 과정에서 토의할 기회를 가졌다. 잠수사 자격증도 보유한 D씨는 라호야 앞바다에 관측 장비를 설치하기 위해 직접 잠수하는 일도 잦았고, 요트를 직접 몰고 필요한 관측 데이터를 대부분 스스로 수집할 정도로 적극적이고 열정적이었다. 잠수도 요트 운항도 전혀 배운 적 없는 나는 D씨가 양질의 데이터를 잘 수집할 수 있도록 잔심부름 정도의 도움만 줄 수 있을 뿐이었다. 데이터의 분석과 물리적 과정을 해석하는 데 필요한 직관력과 전문성은 제공할 수 있었지만 연구활동 과정에서 내가 D씨에게 배운 점이 훨씬 더 많았다.

박사 학위 논문을 마무리할 즈음 D씨는 캘리포니아 대학의 모든 대학원생을 대상으로 스크립스 해양 연구소 연구선을 활용할 기회를 제공하는 공모 프로그램에 지원하기 위해 새 프로젝트를 제안했다. '샌디에이고 연안 탐사'라는 이름의 프로젝트로, 여름철과 겨울철 각각 10일 동안 샌디에이고 연안 바다의 종합적인 환경을 조사하는 것이었다. 워낙 열심히 그리고 꼼꼼하게 준비한 데다가, 운까지 따라 주어 여러 경쟁자를 제치고 결국 이 제안서가 그 해(2011년)의 최종 우승자로 선정되었다. 당연히 이를 주도적으로 준비했던 D씨는 학생임에도 해당 프로젝트의 연구 책임자가 되었다. 나와 우베 젠트 교수님, 그녀의 지도교수인 리사 레빈 교수님을 비롯하여 10여 명의 대학원생은 모두 이 프로젝트에 참여해서 그녀를 도와 2012년 여름과 겨울 두 차례 각각 10일씩 샌디에이고 연안의 종합 탐사를 함께 수행하는 역할을 맡았다.

'샌디에이고 연안 탐사' 프로젝트를 통해 우리가 지원받은 연구선은 멜빌호였다. D씨는 연구 책임자이자 수석 과학자로서 두 승선 조사에 모두 참여했고, 리사 레빈을 포함한 몇몇 교수님들도 여름 혹은 겨울 승선 조사 중 한 차례에 함께했다. 나도 2012년 두 차례의 승선 조사에 참여하여 멜빌

갑판에서 바라본 샌디에이고 연안의 바다.

호를 타고 이들과 함께 데이터를 수집했다. 연구 해역으로 이동하는 데에만 1주일 혹은 그 이상 소요되기도 하는 내양 연구와 달리 샌디에이고 앞바다를 대상으로 하는 이 승선 조사는 출항 직후부터 데이터를 수집하기 때문에 10일의 기간이 짧지 않게 느껴졌다. 더구나 열정적인 D씨는 승선 조사에 참여하는 연구원들을 5개의 조로 나누어 교대로 야외 갑판 작업을 진행하고, 갑판 작업을 하지 않는 다른 조는 연구실 실내 작업을 진행하도록 계획하여 모든 사람이 3교대로 24시간 내내 연속 작업을 할 수 있게 했다. 때문에 1개의 연구팀이 하루에 8시간씩만 연구 활동을 진행하는 방식에 비해 15배(5개 조 각각 3교대 작업) 더 많은 연구 활동이 가능했다. 숫자만 놓고 비교해 보면, 1개 연구팀이 적당히 쉬고 일하면서 150일의 승선 조사를 통해 얻을 수 있는 양의 데이터를 단 10일만에 수집한 것이다. 수석 과학자로서 D씨는 모든 조의 활동에 직접 참여하기도 하고 조별 갑판 일정 등도 조정하며 10일의 시간을 알차게 채웠다. D씨는 대체 언제 눈을 붙이고 나오는지 알 수 없을 정도로 잠도 거의 자지 않고 24시간 내내 모든 조의 연속 조사 활동을 지휘했다. 주어진 기간 동안 최대, 최상의 데이터를 수집하고 가장 높은 효율을 이끌어 좋은 연구 성과로 이어가던 D씨의 열의와 결국 해내고야 마는 집념은 내게 많은 걸 깨닫게 했다.

그렇다고 D씨가 우리에게 채찍질만 한 것은 아니었다. 긴장을 풀고 이완해야 할 때에는 우리가 확실히 쉴 수 있도록 했다. 멜빌호 상갑판에는 엔진 열을 이용해 물을 데우고 마치 야외 노천탕처럼 사용할 수 있도록 만들어 둔 작은 공간이 있었다. 낮에 해저 퇴적물과 진흙을 뒤집어쓰며 고된 작업을 했던 연구원들은 한밤중에 샤워 후 수영복으로 갈아입고 나와 이 노천탕에서 사우나를 즐기곤 했다. 나도 두세 번 몸을 풀 기회를 가졌는데, 시원한 해풍이 부는 야외에서 깜깜한 밤에 쏟아지는 별들을 보며 몸을 지지는 그 순간의 황홀함은 한 번 맛보면 여간해서는 잊기 어렵다. 이렇게 긴장을 풀고 2~3시간이라도 새우잠을 청하고 나면 머리가 맑아져 다시 연구 활동에 집중하기 수월했던 기억이 난다.

내가 속한 조는 해수의 물리적, 화학적 특성을 조사하는 임무를 담당했다. 주로 연구선에서 관측 장비를 내리고 올리며 센서로 수심별 해수의 물리적 특성을 측정하거나 원하는 수심의 해수 시료를 수집하여 화학적 특성을 분석했기 때문에 손에 '물'을 묻힐지언정 '흙'을 묻히지는 않았다. 해저 퇴적물 시료를 수집하여 지질 분석을 하거나 퇴적물 속 미생물과 유전자 등 생물학적 분석을 담당했던 조가 있었는데,

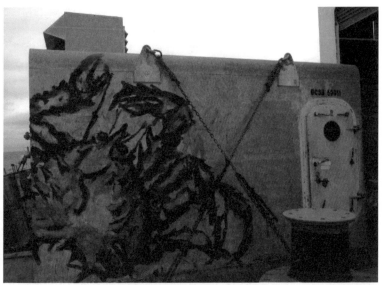

과학만큼 놀라운 것은 인간의 창조 활동인 것 같다.

그들은 청바지와 같은 작업복을 입고 얼굴부터 발끝까지 온몸이 진흙 범벅이 되어가며 작업해야 했다.

진흙 범벅이 된 사람들 사이에는 예술 활동을 하는 연구원도 있었다. 이 연구원은 원래 미술 전공자인데 해저 퇴적물과 해수 시료에서 발견한 각종 미생물의 현미경 관찰 결과를 그림으로 표현하기 위해 승선했다. 그녀는 자신이 관찰한 미생물과 여러 생물의 모습을 야외 컨테이너의 한쪽 벽면에 사람보다 큰 크기로 그렸다. 흥미로웠던 점은 해저 퇴적물 시료를 추출하고 남은 진흙을 재료로 사용했다는 것이다. 현미경으로 자세히 관찰해야만 볼 수 있는 미생물의 깃털 같은 부분 하나하나까지 매우 섬세하게 표현한 그림은 예술 작품과 마찬가지였다. 너무 멋진 그림에 우리는 마치 미술관을 방문한 관람객처럼 그 옆에 서서 기념 사진을 찍기도 했다. 10일의 조사 기간 동안 매일 아침 식사를 마치면 벽면에 물을 뿌려 깨끗이 지운 뒤 다시 진흙으로 새로운 종의 미생물 모습을 그려냈는데, 승선 기간 중 또다른 볼거리를 주는 즐거움이었다.

태풍을 피하는 법

만약 배를 타는 일에도 항공사에서 서비스하는 마일리지 제도와 비슷한 제도가 있다면 관측 해양과학자 중에는 아마 백만 마일 클럽에 가입할 사람들이 꽤 있을 것이다. 나 역시 지금까지 정말 다양한 배에 승선했다. 해안가와 가까운 천해에서는 데이터를 수집하기 위해 마치 낚시를 하려는 사람들처럼 어촌 마을의 소형 어선을 빌렸고, 해군 작전에 활용할 기초 연구를 수행하는 임무에서는 해군 함대 협조를 받아 여러 군함을 타고 해군 장교, 부사관, 장병들과 함께 승선 조사 활동을 하기도 했다. 또, 대학교에서 실습 목적으로 운용하는 탐사 실습선에 승선하거나 정부 기관에서 공무 수행을 목적으로 하는 관선에도 승선하여 조사 활동에 참여했다. 그중 가장 많은 승선 기회는 여러 국내 및 해외 연구 기관들이 제공했다. 이들 연구 기관에서 운영하는 각종 연구선에 승선해서 우리나라 주변 해역, 태평양, 대서양, 인도양, 나아가 남극 연안에 이르기까지 곳곳의 바다를 탐사하며 데이터를 수집하고 연구 활동을 펼칠 많은 기회를 얻었다. 특히 남빙양을 건너 남극 연안과 같은 결빙 해역에서의 탐사를 위해서는 특별한 연구선이 필요한데, 빙하를 깨는 쇄빙 능력을 갖춘 연구선, 즉 쇄빙 연구선(ice breaker)이다. 쇄빙 연구선에 승선하여 2개월 동안 숙식을 해결하며 극지 연구를 하시는 분들과 함께 지냈던 시간도 평생 잊을 수 없는 추억이다.

내가 탔던 선박의 이름들이 아직도 선명하게 기억난다. 동해 연안에서 종종 승선했던 2.5톤 소형 문어잡이 통발 어선 '하나호'부터 시작해서, '탐사 1호'와 '탐사 2호', 소해 함정과 구축함, 고속정(참수리), 연안대잠정, 209급 잠수함, 국방 과학 연구선 '선진호'와 '청해호', 수산 과학 시험조사선 '경북호'와 '탐구 11호', 해양 탐사 실습선 '탐양호'와 '나라호', 해양 조사선 '해양 2000호', 연구선 '이어도호', '온누리호', '이사부호'와 쇄빙 연구선 '아라온호'에 이르기까지. 해외 선박의 이름 역시 선명하다. 차량 뒤에 연결해서 끌고 다닐 수 있는 작은 보트에서부터 러시아 국적의 '고르디엔코호(R/V Pavel Gordienko)', 미국 국적의 '멜빌호(R/V Melville)', '스프라울호(R/V Sproul)', '뉴호라이즌호(R/V New Horizon)', '로저 르벨호(R/V Roser Revelle)', '론 브라운호(R/V Ron Brown)', 독일 국적의 '메테오어호(R/V Meteor)'와 같은 중대형 연구선에 이르기까지 지금도 기억이 생생하다.

앞에서도 소개했지만 대학원에 입학하자마자 자주 승선했던 하나호는 나만 특별한 경험으로 간직한 어선이 아니다. 일반적인 연구선과는 확연히 다른 분위기여서인지 하나호에 승선했던 연구원들은 세월이 지난 후에도 마치 무용담처럼 당시의 승선 경험을 나눈다. 마치 전쟁에 참여했던 전우회의 모습을 방불케 한다. 이런 모습이 후학들에게는 연구선 승선 기회가 턱없이 부족했던 시절 낚싯배를 빌려 연구 활동을 했던 척박한 여건을 이야기하는 '라떼는~' 시리즈로 비춰질 것이 두려워 자주 이야기하지는 않지만, 그 시절에는 그때의 상황에 맞는 방법으로 바다를 알고자 했다는 걸 알아줬으면 하는 마음이다.

연구선 운항을 담당하는 승조원들과 달리 연구원들은 기항지마다 서로 교대하면서 자신이 속한 항차에만 승선한

미국의 멜빌호. 벽화와 노천탕의 추억이 남아 있는 배다.

다. 승선 조사를 위해 전 세계 곳곳의 기항지를 찾아가 연구선을 마주하며 여러 항구 및 도시와도 인연을 맺었다. 국내에서는 부산항, 거제 장목항, 광양항, 인천항, 묵호항, 여수항, 서귀포항 등의 항구가 친숙하고, 해외에서는 러시아 극동 블라디보스토크, 미국 캘리포니아주 샌디에이고의 포인트 로마, 로스앤젤레스, 산타바버라, 오리건주 포틀랜드, 워싱턴주 시애틀, 플로리다주 케이프커내버럴, 사우스캐롤라이나주 찰스턴, 중앙아메리카 열대 대서양 서부의 카리브해, 섬나라 바베이도스와 과들루프, 열대 대서양 동부의 서아프리카 카보베르데, 남태평양 프랑스령 폴리네시아의 마르키즈 제도 중 누쿠히바 섬, 서태평양 미크로네시아 중 미국령 괌 섬, 솔로몬 제도 중 기조 섬, 뉴질랜드 남섬의 크라이스트처치, 인도양 모리셔스의 포트루이스, 그리고 몰디브의 말레까지 도처의 항구, 도시와 인연을 맺게 되었다.

열대 지방부터 극지방에 이르는 다양한 자연환경을 접하며 그만큼, 아니 그보다 더욱 다양한 바닷속 환경을 탐구할 수 있었음에 늘 감사한 마음이 크다. 뱃사람에게 배는 그저 바다에 떠 있는 집 이상의 의미를 가진다고 한다. 나는 뱃사람은 아니지만, 숱한 승선 조사 경험으로 그들에게 배가 어떤 의미인지 어렴풋이 느끼게 되었다.

드넓은 바다의 규모와 이에 비해 훨씬 작은 땅의 면적을 생각하면 해양 연구가 기본적으로 국제 공동 연구로 진행되는 것은 당연하다. 국제 공동 연구에 참여하면서 여러 나라를 방문하게 되는 것도, 때로는 현지 사람들에게 도움을 받는 것도 자연스럽다.

2014년 미국 스크립스 해양 연구소에서 근무할 때다. 솔로몬 제도의 기조라는 이름의 작은 섬에 가서 그 앞바다에 새로운 관측 장비를 설치하기로 했으나 이 임무에 참여할 수 있는 인원이 나를 포함하여 단둘이었다. 출발 전부터 쉽지 않겠다고 생각했다. 일단 가는 여정부터가 만만치 않았다. 먼저 우리는 연구소가 있는 미국 샌디에이고에서 로스앤젤레스로, 호주 브리즈번, 솔로몬 제도의 호니아라, 그리고 기조섬까지는 항공편으로 이동하고, 기조섬 공항에서부터 우리가 숙소로 예약한 리조트까지는 작은 보트로 이동해야 했다.

가장 큰 문제는 관측 장비들이었다. 두 사람이 각자 가져온 개인 짐 외에 거대한 화물 5개 꾸러미를 가지고 이동해야 했는데 로스앤젤레스 공항에서부터 문제가 생겼다. 2인 최대 무료 수화물을 초과하는 거대 수화물에 대해 항공료보다도 비싼 운임을 내야했다. 겨우 비용을 지불했지만, 짐을 부치는 과정에서도 항공 보안팀에게 터프북(야외용 노트북) 보조 배터리 중 1개를 포함하여 다량의 리튬 배터리들을 압수당했다. 미연방 항공 보안법에 의해 허용되는 리튬 배터리들만 부칠 수 있었던 것이다. 우리는 가져간 배터리 중에 거의 3분의 1 정도를 로스앤젤레스 공항에 남겨두고 이동해야 했다.

로스앤젤레스에서 대형 화물 5개와 개인 짐들을 부친 후 호주 브리즈번행 비행기에 탑승할 수는 있었으나 브리즈번에서의 환승 시간이 고작 2시간이라 과연 그 시간 내에 모든 짐을 찾아 부친 후 연결 편 비행기를 탈 수 있을지 몹시 회의적이었다. 실제로 브리즈번 공항에 도착했을 때는 비행기도 이미 20분이나 지연된 상태였고 입국 심사 후 개인 짐 찾는 곳과 대형 화물 짐을 찾는 곳마저 꽤 멀리 떨어져 있어 도저히 환승 시간 내에 연결 편 비행기에 탑승하는 것이 불가능했다. 결국 짐을 모두 찾은 후 브리즈번 공항 보관함에 맡겨두고, 솔로몬 제도의 수도 호니아라로 이동하는 그다음 편 비행기로 변경해야 했다. 하필 그 다음 비행기가 이틀 후에 출발했기 때문에 우리는 브리즈번에서 휴가 아닌 휴가를 보내며 머물 수밖에 없었다. 빡빡한 일정과 이미 3분의 2로 줄어든 배터리들이 걱정되었다. 설상가상으로 브리즈번 공항에서 보관함의 짐을 찾아 솔로몬 항공으로 짐을 부치려고 하는데 리튬 배터리들 중 일부를 또다시 압수당했다. 미 항공 보안법과 호주 항공 보안법의 리튬 배터리 규정이 다르다는 이유였다. 기가 막혔지만 연구 활동에 필요한 최소한의 배터리들은 가지고 이동할 수 있어서 그나마 다행이었다.

호니아라에 도착해서 기조섬으로 가기 위해서는 솔로몬 제도 국내선 항공 편으로 갈아타고 기조섬으로 향하는 비행기를 찾아 환승해야 했다. 비행기 탑승을 위해 이동하자 흙으로 된 활주로에 서있는 비행기에 공항 직원으로 보이는 사람들이 드럼통을 가져가 연료를 주유하고 있는 것이 보였다.

흙 활주로에 드럼통 주유라니 과연 저 비행기가 안전할까? 다소 걱정이 되기는 했지만 앞만 보고 갈 수밖에 없었다. 다행히 그 작은 비행기는 기조섬까지 잘 날아갔다. 비행기에서 내린 후 거대 화물 5개와 개인 짐을 끌고 항구로 이동했다.

우리가 가는 리조트는 작은 보트를 타고 가야 했다. 우리 두 명의 거대한 짐을 본 뱃사공은 자신의 친구를 데려와서 두 척의 배에 짐을 나눠 싣고 목적지인 리조트로 데려다주었다. 오는 과정이 순탄치 않았기 때문에 목적지에 장비를 가지고 도착할 수 있었던 것만으로 다행이라 여겨졌다. 밤 늦게 리조트에 도착한 우리는 바로 곯아떨어졌다.

이튿날부터 우리는 섬 곳곳을 돌아다니며 계류추로 쓸 만한 무거운 물체를 찾아다녔다. 바닷속에 가라앉혀야 하는 계류추는 섬까지 가지고 오기에는 너무 무거웠기 때문에 처음부터 현지에서 조달할 생각이었다. 보통 기차 바퀴를 사용하지만 기차도 없는 섬에 기차 바퀴가 있을 리가 없었다. 그리 크지 않은 섬이라 반나절만에 섬 전체를 다 둘러봤으나 계류추로 쓸만한 물건은 보이지 않았다. 마을을 한 바퀴 더 돌아볼까 고민하고 있는데 다이버 숍 안에 있는 빈 드럼통이 눈에 띄었다. 우리는 거기에 시멘트를 부어 계류추를 만들 요량으로 다이버 숍 사장에게 사정을 말했다. 사장은 흔쾌히 허락을 해 준 것은 물론, 계류추 만드는 작업까지 도와주었다. 어렵게 만든 계류추와 힘겹게 가져간 장비들을 조립한 뒤 우리는 바로 현지 소형 어선을 빌려 기조섬 앞바다로 나갔다. 계류 장비를 설치한 후 이제 남은 것은 계류 장비 부근에 수중 글라이더라고 불리는 이동형 수중 로봇을 투하하는 것이었다.

작은 보트를 타고 기조섬 앞바다에 나와 수중 글라이더 장비를 바닷속에 투입하고 테스트를 시작했다. 그때 저 멀리 먼바다에서부터 두꺼운 구름과 강풍대가 이쪽으로 접근하는 것이 보이기 시작했다. 백파(white caps, 강한 바람에 파도가 부서지며 하얗게 보이는 현상)가 일며 악기상이 있음을 알리는 신호가 점점 더 분명해지고 있었다. 악기상을 보이는 영역이 우리 보트 쪽으로 접근하고 있었지만 장비 테스트가 끝나지 않는 상황이었다. 악기상 영역이 더 접근하자 기온이 급격히 떨어지는 것이 느껴졌고, 바람이 세차게 불기 시작했다. 우리는 결국 테스트를 중단했다. 빠르게 수중 글라이더를 회수하고 항구를 향해 전속력으로 배를 몰았다.

보트의 속도보다 악기상이 우리에게 접근하는 속도가 더 빨라 바람은 점점 심해지고 파고도 더욱 높아졌다. 보트는 금방 뒤집어질 것처럼 심하게 요동쳤다. 자칫 큰 사고로 이어질 수 있는 상황이었다. 겨우 무사히 항구에 다다르고 나서야 우리는 한숨을 돌릴 수 있었다. 나중에 호주 기상청 예보를 보고 나서 당시 사이클론(태풍, 허리케인과 같은 현상이나 남반구에서 불리는 이름)이 우리 보트 부근에서 생성됐다는 것을 알았다. 조금만 더 늦어졌다면 돌이킬 수 없는 일이 일어났을지도 모른다는 생각에 아찔했던 순간이었다.

비슷하게 기상 상황을 예의 주시해야 했던 때가 또 있다.

2016년에 온누리호를 타고 서태평양에 승선 조사를 나갔을 때다. 당시 나는 수석 과학자로 참여했었다. 우리가 출항하자마자 태풍이 지나간 바다는 그야말로 해수면을 다리미로 다린 것처럼 주름 하나 없었다. 다만 공해 영역 내에서 초기에 계획했던 원래의 연구 해역으로 가는 경로 상에는 선수 방향으로 저 멀리 아열대성 바다의 비구름이 몰려 있는 것이 보였다. 좋지 않은 기상을 피해 고생하며 이동했으니 연구원들과 승조원들의 사기 진작을 위해 갑판에서 야외 바비큐 파티를 열자고 선장이 제안했다. 내가 비구름을 가리키며 내일부터 열대 스콜이 쏟아질 것이 분명하니 파티는 어렵지 않겠냐고 내가 반문하자 선장은 '비는 그냥 피해 가면 될 뿐'이라는 아주 간단한 해법을 제시했다. 선장의 말대로 이튿날 우리는 좋은 날씨가 이어지는 경로로 순항하며 망망대해 한복판에서 즐거운 시간을 보낼 수 있었다.

이럴 때 나는 땅 위에서의 삶과 바다에서의 삶은 서로 다른 우주에 사는 것만큼이나 다른 모습이라고 생각하게 된다. 산과 강, 높은 건물이 가득한 육지에선 이미 그려진 길 중에 내가 갈 길을 고르는 수밖에 없다. 눈이나 비가 오면 다리가 막히고 길이 끊겨 오도가도 못할 때도 허다하다. 그러나 바다는 다르다. 바다에서는 육지에서와 달리 어디든 미끄러지

듯 갈 수 있으며 심지어 태풍마저 피할 수 있다. 정해진 길만 있지 않다는 것, 그리고 때로는 나쁜 일을 요령껏 피해갈 수도 있다는 것. 항해를 마친 후 다시 땅으로 올라온 후에도 나는 이 사실을 잊지 않으려 한다.

그로부터 며칠 뒤 또 다른 태풍이 우리 연구선에 접근했다. 당시 3교대로 24시간 휴식 없이 갑판에서 연속 관측 활동을 수행 중이었는데, 04시부터 08시(및 16시부터 20시) 구간을 맡은 2조는 갑판 작업 중에 일출과 일몰을 모두 볼 수 있었다. 전날 갑판에서 일몰을 보며 작업할 때보다 이튿날 일출을 보며 작업할 때 배의 흔들림이 훨씬 더 심해진 것을 확실히 느끼면서 안전에 대한 우려는 점점 커져갔다. 시간이 지날수록 더 이상의 작업은 무리라고 판단되어 결국 모든 조사 작업을 중단하고 피항하기로 결정했다. 우리는 가장 가까운 괌섬으로 전속력으로 이동했다. 약속된 연구선 사용 기간이 며칠 남지 않아 피항 후 날씨가 좋아지기를 기다렸다가 다시 출항할 수 있는 상황은 아니었다. 괌섬 입항은 조사 종료를 의미했다.

괌섬까지 약 2일 동안 전속력으로 이동하는 배 안에서 나는 연구원들에게 각자 자신이 맡은 부분의 승선 조사 보고서 초안을 입항 전에 모두 제출하면 괌섬에서는 여러분을 찾지 않겠다고(자유 시간을 주겠다고) 했다. 자유 시간 때문만은 아니겠지만, 수십 명의 연구원늘 전원이 보고서 초안을 괌섬 입항 전에 마무리했다. 나는 수석 과학자로서 괌섬에 머무는 동안 취합한 초안들을 혼자서 수정, 보완하고, 편집하여 전체 승선 조사 보고서를 완성했다.

이 보고서에는 승선했던 연구선에 대한 정보와 승조원 및 연구원 정보와 같은 기본 사항은 물론, 각 연구팀이 자신들의 연구 목적을 이루기 위해 어떤 방법과 활동으로 수집된 데이터를 처리하고, 분석해 어떤 결과를 얻었는지 등의 내용이 전체 항적도와 항해 시간대별로 자세히 적혀 있다. 이는 연구 보고서이자 오랜 시간이 지나도 승선 조사 당시에 무슨 일이 있었는지를 찾아볼 수 있는 매우 귀중한 기록이다.

잊을 수 없는 항구들

2013년의 일로 기억한다. 남태평양 휴양지 타히티와 보라보라섬 등이 모여 있는 프랑스령 폴리네시아의 누쿠히바섬에서 미국 연구선 로저 르벨호에 승선하여 모항인 샌디에이고로 복귀하는 일정의 탐사에 참여했다. 나는 샌디에이고항으로 6년 만에 복귀하는 르벨호의 마지막 기항지인 누쿠히바섬에서 이전 항차에 승선했던 연구원들과 교대하여 마지막 항차에 승선할 예정이었다.

나는 누쿠히바섬에 한 번도 가본 적이 없었다. 나에게 탐험과 호기심의 대상은 바다로 한정되어 있는지, 미지의 섬에 간다는 이유로 출발 전부터 잔뜩 긴장한 내게 같은 연구팀의 기술자인 B씨는 영어로 된 한 신문 기사를 찾아 보여 주며 일부러 겁을 수었다. 오래선에 누쿠히바섬을 방문한 관광객이 섬에서 실종되어 찾아 나섰지만 결국 발견하지 못했다고 말이다. 그런데 그 기사를 작성하기 얼마 전 불에 그을린 뼈가 발견되어 DNA 검사를 해보았더니 바로 그 실종자였다는 것이다. 산속 깊은 곳에 아직도 식인종이 살고 있는 것 아니냐며 B씨는 자꾸 무서운 얘기를 하며 겁을 주었다. 집으로 돌아와서 아내에게 웃으며 그 얘기를 했는데, 내가 배를 타러 갈 때마다 신앙심이 깊어진다던 아내는 식인종 얘기를 듣고 나선 잔뜩 겁을 집어먹고 말았다.

우리 일행은 혹시라도 비행기를 놓치거나 천재지변 등으로 일정이 지연되는 일이 생길까봐 승선 이틀 전에 누쿠히바섬에 도착할 수 있도록 이르게 출발했다. 누쿠히바섬에 도착한 후에는 섬을 둘러보며 로저 르벨호를 기다렸다. 간단한 장비 점검 외에는 할 일도 없어서 섬을 즐길 시간은 충분했다. 현지 마을 사람들은 거의 대부분 불어를 사용했고, 우리 팀에는 불어를 할 줄 아는 사람이 없었기 때문에 의사소통이 어려웠지만, 바닷가 마을 사람들과 매일 저녁 멋진 석양 노을을 감상하는 데 언어의 장벽은 그리 문제되지 않았다. 남태평양 수평선에 해가 닿을 듯 말 듯한 해 질 녘이

누쿠히바섬의 풍경.

되면, 야외에서 젓가락으로 식탁을 두들기며 현지 민요 같은 노래를 함께 부르고, 그들의 애정이 담긴 참치 회를 나눠 먹으며 시간을 보냈다.

배가 도착하기로 약속한 날이 되자 먼바다에 작은 마을과 비교되어 유난히 더 거대해 보이는 로저 르벨호가 모습을 드러냈다. B씨와 나는 연구선에서 보낸 작은 보트 단정에 부랴부랴 짐을 챙겨 올라탔다. 로저 르벨호 측면에 길게 내려진 줄사다리를 통해 갑판에 오른 우리는 이전 항차 연구원들과 인사하는 동시에 작별했다. 그들은 우리가 잡고 올라온 사다리를 타고 내려가, 우리가 타고 온 보트 단정을 타고 누쿠히바섬으로 돌아갔다.

남태평양에서부터 적도를 가로질러 북태평양으로 진입해 연구 활동을 모두 마친 후 샌디에이고 모항에 드디어 입항할 때가 되었다. 항구가 가까워지기 시작하자, 항구에 사람들이 모여 있는 것이 보였다. 자세히 보니 카메라까지 설치하고 우리를 기다리고 있었는데, 대단한 환영식이라도 할 기세였다. 로저 르벨호가 그동안 대서양과 인도양 등 지구 곳곳에서 활동하다가 6년 만에 복귀한다는 사실을 생각해 보면 들떠 있는 도시의 분위기를 충분히 이해할 수 있었다. 6년의 항해 일정 중 고작 마지막 3주만을 같이한 나까지 환

단정. 생각보다 작다.

영받았다는 사실이 조금 부담스럽기도 했지만.

조금은 다른 이유지만, 항구에 입항할 때 환영을 받았던
또 다른 기억이 있다. 독일 기상청 메테오어호를 타고 대서
양 조사를 했던 때의 일이다. 아메리카 대륙에서부터 아프
리카 대륙까지 대서양을 횡단하면서 승선 조사 활동을 했다.
3주의 긴 항해가 끝나고 서아프리카 대서양에 위치한 섬나
라 카보베르데 항구에 어서 도착하길 기대하며 두근거리는
마음으로 육지를 바라보고 있었다. 이때에도 많은 사람이
항구로 나와 마치 배에 중요한 사람이 타고 있기라도 한 것
처럼 우리의 입항을 열렬하게 환영했다. 이런 환대가 흔한
일은 아니었기에 어리둥절한 채 갑판에서 손을 흔들어 화답
했다. 서로 얼굴을 볼 수 있는 거리까지 접근하자 유럽 출신
연구원 한 명이 그들에게 신발을 벗어던져주었다. 주위를
둘러보니 다른 연구원들도 자기 신발을 벗어 항구에 모인
사람들에게 던져주기 시작했다. 배에서 내린 후 현지인들을
가까이에서 보니 신발을 신지 않고 맨발로 돌아다니는 사람
도 있었고, 그나마 신고 있는 신발도 금방이라도 떨어질 듯
너덜너덜했다. 아마도 신발이 귀한 나라였고, 그걸 아는 연
구원들이 신발을 던져주는 모양이었다. 항구에 모인 사람들

은 신발을 받고는 어느새 유유히 시야에서 사라졌다.

섬에 내린 후에도 이상하게 따라다니거나 쳐다보는 사람들이 많다고 느꼈는데, 아마 내가 그 섬에서 잘 보기 어려운 동양인이라 그랬던 것 같다. 아니면 신발이나 다른 물건을 달라고 요구하려고 그랬을 수도 있고 말이다. 섬에 머무는 동안 나를 신기한 듯 혹은 아쉬운 듯 오래 쳐다보는 눈들이 오래 따라붙었다.

입항 후 육지에서 휴식을 취하고 보급 등을 마치면 승조원들은 다시 배를 타고 계속 운항하지만 배에 탔던 연구원들은 다른 팀과 교대 후 비행기로 복귀한다. 카보베르데에서 며칠 지낸 후 포르투갈을 경유하여 스크립스 해양 연구소가 위치한 미국 캘리포니아의 샌디에이고로 돌아가기 위해 공항으로 갔는데, 당시 그곳에는 동양인이 없어 눈에 띈 탓인지 출국 심사에서 별도로 정밀 조사를 하기 시작했다. 함께 있던 다른 연구팀원은 모두 출국 심사대를 잘 통과했는데, 나만 혼자 억류 비슷하게 짐을 들고 별도의 작은 방으로 끌려가야 했다. 이유를 물었으나 제대로 대답해 주지 않았고, 어떻게 입국했는지를 재차 묻고 옷가지와 세면도구가 전부인 개인 짐을 수색했다. 원래 미국에 사는 한국인이지만, 카브리해에 위치한 과들루프에서 독일 연구선에 승선한 후 열대 대서양을 조사하고 카보베르데에 입국했으며, '뱃사람(sea man)'은 아니지만 비슷하게 과학 조사 목적으로 배를 타는 사람이라고 설명했으나 그들은 제대로 이해하는 것으로 보이지 않았다. 비행기 탑승 시간은 다가오는데 그들과 영어로 의사소통이 어렵고, 스마트폰도 없던 때라 번역서비스를 꿈도 꾸지 못했으니 곤란한 상황에 답답함은 커졌고 대사관에 전화를 해야할 지 고민하기 시작했다. 하지만다행히도 내가 출국 심사에서 붙잡혀 있는 것을 안 프랑스계 미국인 동료가 게이트 밖으로 나와서 찾아와 불어로 그들에게 사정 설명을 하자 무사히 빠져나올 수 있었다. 영어가 만국 공통어는 아니라는 사실을 새삼 깨닫는 순간이었다.

배를 움직이는 사람들

연구선에는 연구원들과 승조원들이 승선하는데, 승조원도 선장을 포함하여 일등 항해사(일항사), 이등 항해사(이항사), 삼등 항해사(삼항사)와 같은 항해사, 기관장과 일등 기관사(일기사), 이등 기관사(이기사), 삼등 기관사(삼기사)와 같은 기관사, 갑판장과 갑판수 및 갑판원, 전기장, 전자장, 조기장과 조기수, 조리장과 조리수 등 다양하게 구성된다. 그 외에도 종종 연구팀이 연구선 관측 장비를 원활히 활용할 수 있도록 전문적으로 관측 장비를 다루는 일종의 기술 지원팀 역할을 하는 관측사가 승선하기도 한다.

연안에서 자주 입출항하는 소형 연구선과 달리, 대형 연구선은 값비싼 인프라에 해당한다. 대형 연구선은 주로 대양 등 먼바다를 조사할 때 활용되는데, 배는 비행기처럼 빠르게 한 곳에서 다른 곳으로 움직일 수 없고, 먼바다로 나갈수록 항해 기간도 길어져 그만큼 연료와 식량이 필요하기 때문에, 언제, 어디로 연구선을 보내 얼마 동안 운항할지를 아주 꼼꼼하게 계획해야 한다. 그렇기 때문에 같은 시기에 같은 해역에서 승선 조사를 하기 원하는 연구원들을 가능한 많이 모아야 인프라를 최대한 효율적으로 사용할 수 있다. 그래서 대형 연구선에는 세계 각지에서 온 여러 그룹의 연구원들이 함께 승선한다.

승선 조사에 참여하기 위해서는 여러 연구팀이 연구비를 모아 용선료를 지불해야 한다. 배에 타고 싶다고 연구팀 전원이 탈 수 있는 것은 아니다. 프로젝트에 참여하는 연구팀마다 배에 탈 연구원들을 따로 선발한다. 이렇게 같은 항차에 공동 승선한 연구원들 전체를 대표하고 그 항차의 모든 연구 프로젝트를 책임지는 사람이 바로 수석 과학자다. 수석 과학자는 특정 연구팀의 연구 책임자일 수도 있고, 그렇지 않을 수도 있다. 만약 어떤 연구 프로젝트의 연구 책임자가 수석 과학자를 맡으면 그가 그 승선 조사의 성패와 해당 연구 프로젝트 모두에 대해 최종 책임을 진다. 서로 다른 목적의 연구팀들이 큰 비용을 내고 모인 만큼 모든 그룹의 연구 목적들을 최대한 달성하면서도 동시에 해당 항차 전체의 연구 목적을 달성할 수 있도록 전체 연구 활동을 조율하고 총괄하는 수석 과학자 혹은 치프 사이언티스트(chief scientist)의 역할과 책임이 막중하다.

연구원들과 승조원들을 포함한 선내 모든 사람의 안전과 운항을 책임지는 선장과 수석 과학자의 협업은 당연하다. 특히 연구선이 언제 어디로 어떤 선속으로 이동할 것인지, 어떤 연구팀의 어떤 연구 활동을 언제 어디에서 진행시킬 것인지 등 항해를 하는 동안 매 순간 결정해야 할 것들이 매우 많다. 그래서 수석 과학자를 맡으면 근무 시간, 교대 시간 등에 무관하게 거의 깨어 있거나 잠을 자더라도 새우잠을 자며 언제든 깰 준비를 해야 한다. 그렇지 않아도 고된 승선 조사가 더더욱 고되게 느껴지는 이유다.

과거에는 해양 탐사와 해양 관측을 위해 극소수의 과학자가 수십 명의 선원들과 함께 범선을 타고 무려 1년 이상 바다에 머물며 오랜 기간 항해했다. 항해와 탐사가 대규모 국책 프로젝트였던 시대였다. 돛을 세우고 항해를 하려면 많은 사람이 필요했기 때문에 과학자에 비해 선원들의 수가 훨씬 많았다. 오늘날에는 그보다 적은 수의 승조원이 승선

한다. 연구선마다 다르지만 한 달 내외의 대양 승선 조사에 보통 20명 내외의 승조원들이 항해부터 식사 준비까지 모든 것을 담당한다. 요즘은 오히려 과학자들이 더 많이 승선한다. 승선하는 연구원 수가 30~60명이 넘기도 한다.

비록 과거처럼 항해를 위해 수많은 승조원이 승선하는 것은 아니지만 항해사들은 부근에 접근하는 선박이 있는지, 무엇인가 충돌할 만한 것은 없는지, 기상 상황이 어떤지 등을 24시간 확인해야 하므로 선교에서 당직을 서야 한다. 보통 4시간 근무하고 8시간 쉬는, 3교대 형태로 운용한다. 항해 파트에 일등 항해사, 이등 항해사, 삼등 항해사, 총 3명의 항해사가 필요한 이유이다. 바다 한가운데서 엔진에 문제가 생기면 표류하게 되므로 기관장을 비롯한 기관부 인원도 배치하여 늘 경계하며, 비슷하게 조타기를 잡는 인원도 배치한다. 또, 연구에 필요한 관측 장비를 갑판에서 운용하기 위해 각종 갑판 작업을 총괄하는 갑판장과 갑판원, 갑판수 등의 인원을 배치하고, 승선한 모든 인원의 끼니를 책임지는 조리장과 조리부 인원도 빼놓을 수 없다.

최근에는 무인선과 자율 운항 선박이 각광받으며 빠르게 개발되는 중인데, 선원이 한 명도 없는 완전 무인 형태의 인공지능 자율 운항 프로그램을 따라 선박 운행이 이미 가능해졌다. 대규모 해양 탐사의 필요성을 고려할 때 연구원 수는 더욱 늘어나겠지만 무인화, 첨단화되는 연구선과 관측 기술의 발전을 고려하면 승조원의 수는 앞으로 더욱 줄어들지도 모르겠다. 그렇지만 언제 어디에서 무엇이 튀어나올지 알 수 없는 바다 한가운데에 수십 명의 인원을 태운 무거운 쇳덩이가 떠다닌다는 사실을 생각하면 승조원이 없는 배는 상상이 가지 않는다. 아무리 연구원들이 선박 조종과 유지 보수 기술을 배운다고 하더라도 그 일을 전문적으로 하는 사람들 만할까? 그건 마치 우주선을 조종할 줄 모르는 사람들끼리 우주선을 타고 우주로 나간 것과 비슷할 것이다.

물론 아직은 완전 무인 선박 운항이 부담스럽고, 육지의 운항 통제실에서 운항사가 선박의 움직임을 모니터링하면서 필요시 개입하는 원격 조종 형태지만 완전 자율 운항 선박이 전 세계 바다를 누비게 될 날도 멀지 않은 듯하다. 자율 운항 선박이 증가하면 경비도 절감되고 인간이 위험에서 벗어나게 된다는 장점이 있지만, 한편으로는 잃는 것도 있다. 낯선 기항지를 방문하며 설렜던 경험, 밝은 달과 수많은 별, 그리고 은하수, 여명과 석양의 아름다움을 함께 즐기던 낭만은 사라질 것이다.

망망대해에서 응급 환자가 발생했다

가끔은 항해 중에 예기치 못한 사건, 사고가 벌어지기도 한
다. 미국 해양 기상청 소속 연구선 론 브라운호에 승선했던
2009년으로 기억한다. 열대 대서양에서 계류 부이라고 불
리는 관측 장비를 회수 후 배터리 교체와 정비 후 다시 계류
하는 작업이었다. 우리 연구팀의 장비는 아니었고, 함께 승
선한 우즈홀 해양 연구소 연구팀의 장비였다. 이는 흔들리
는 대형 부이에 로프를 걸고 크레인으로 끌어올려 연구선
갑판으로 옮긴 후 그 아래에 연결되어 있는 와이어를 감으
면서 와이어에 부착된 측정 센서들을 차례차례 회수한 후
새로운 계류 부이를 설치하여 1~2년 동안 그곳에서 계속 해

양 환경을 측정하도록 고안되었다.

갑판에서 갈고리를 던져 부이에 걸고 난 후 갈고리 끝의 로프를 이용해 A프레임이라고 부르는 선미 쪽으로 부이를 위치시킨 후 크레인으로 이 장비를 끌어올려야 했다. 흔들리는 연구선에서 더 심하게 흔들리는 무거운 부이를 크레인으로 끌어올리고 로프를 연결해서 당기는 건 위험을 감수해야만 하는 작업이었다.

갑판에는 긴장감이 흐르고 있었다. 갑판 전체 작업을 총괄하는 갑판장의 손가락 끝 신호를 모두가 예의 주시하며 작업자들의 일사불란한 움직임이 이어졌다. 시간에 쫓겨 잠을 줄여가며 작업을 이어가던 피곤한 시기였음에도 그 순간에는 모두가 집중하여 장비를 안전하게 회수하기 위해 힘을 모았다. 다행히 기존 계류 부이 회수와 신규 계류 부이 설치까지 무탈히 완료되었다. 전전긍긍했던 시간은 지나갔고, 긴장감은 안도감으로 바뀌었다. 작업을 마친 후 우리는 모두 밀린 잠을 잤다.

그런데 실컷 수면을 취하고 일어난 이튿날, 항해 화면을 보고 깜짝 놀라지 않을 수 없었다. 연구선 이동 방향과 속도가 원래 계획을 크게 벗어나 육지로 향하고 있었기 때문이었다. 어찌 된 영문인지 주변에 물으니 지난밤 갑판장에게

부이를 선미 A프레임에 걸어 바다에 투하하는 모습. 갑판 작업은 상당히 위험하다.

급성 심장 질환이 생겨 모든 작업을 중단하고 제일 가까운 카리브해의 섬나라, 과들루프로 전속력으로 항해 중이라고 했다.

태풍보다 무서운 건 배 안에서 위급한 환자가 생겼을 때이다. 육지에서는 구급차를 이용하거나 사안에 따라서 헬리콥터를 이용하여 환자를 가까운 병원으로 이송하면 되지만 망망대해에서는 모든 것이 불가능에 가깝다. 가까운 병원도 없을뿐더러 헬리콥터를 이용하려 해도 헬리콥터가 올 수 있는 가장 가까운 곳까지는 배로 이동해야 한다. 배의 속도를 최대한으로 높여도 육지에서 병원으로 이동하는 시간보다는 한참 더 걸리기 때문에 환자가 생기는 건 두려울 수밖에 없다. 게다가 그 환자가 갑판장이라니.

배를 운항하기 위해선 승조원 한 사람 한 사람이 모두 소중하지만 갑판장이 쓰러졌단 소식이 더 심각하게 다가온 이유는 승선 조사에서 그의 역할이 크기 때문이다. 잠깐 승조원들 구성에 대해 설명하자면, 배에서 가장 중요한 사람을 꼽으라면 당연히 선장이다. 선장은 항해를 비롯한 선내 모든 활동의 총괄 책임자이다. 승조원은 물론 연구원들까지 배 안의 모든 사람은 자신의 안전을 비롯한 선내 모든 생활을 절대적으로 선장에게 의지한다. 선내 모든 사람들의 안전한 항해와 선내 생활에 대한 최종 책임이 바다 한복판에서 표류하는 왕국의 절대적 통치자인 선장에게 달려 있는 것이다.

이외에도 늘 24시간 내내 3교대로 항해를 담당하는 항해사들은 물론, 기관부를 책임지는 기관장, 갑판에서 이뤄지는 모든 작업과 갑판부 전체를 책임지는 갑판장, 그리고 선내 모든 전기 및 전자 시설과 장비를 책임지는 전기장, 전자장을 비롯한 모든 승조원 어느 누구의 역할도 절대 무시할수 없다. 그렇지만 장비를 올리고 내리는 일에 갑판장이 꼭 필요하기 때문에 그가 쓰러진 것이 더 심각하게 다가오기는 했다.

전속력으로 항해하고 있음에도 불구하고 육지에 도착하려면 며칠이 걸린다고 했다. 망망대해에서 심장 질환이라니! 겨우 응급조치만 받은 갑판장은 입항할 때까지 오로지 배안에 있는 약으로 생사의 끈을 쥐고 버텨야 했다. 승조원들이 교대로 간호하기는 했지만 몹시 걱정스러웠다. 내가 문명사회와 멀리 떨어진 망망대해에 있다는, 여기에서는 아파도 문명의 혜택을 받을 수 없다는 사실이 생생하게 느껴지며 두려움이 엄습했다.

항구에 도착하자마자 갑판장은 미리 대기하고 있던 응급

차에 실려 바로 병원으로 이송되었다. 그러고 나서 우리는 다시 아무것도 없는 망망대해로 향했다.

배 안의 분위기는 조금 무거웠다. 배 안에서 응급 환자가 나온 것도 그렇고, 갑판장 없이 출항한다는 것에 다들 마음 한편이 편치 않은 듯했다. 우리는 그럴수록 더욱 기운을 내서 우리 각자가 맡은 역할과 책임에 최선을 다하기로 했다. 이럴 때 나는 그 어느 때보다도 우리가 운명공동체임을 생생히 느낀다.

그로부터 수십 일이 지난 후 우리가 열대 대서양 승선 조사를 모두 마치고 과달루프항에 입항했을 때, 목발을 짚고 항구에 마중 나와 건재함을 과시하며 감사함을 표했던 갑판장의 모습은 잊을 수 없는 감동이었다.

선상의 만찬

앞에서 언급했듯 배 안에서는 누구 하나 소중하지 않은 역할이 없지만, 선장과 수석 과학자 외에 꼭 빠뜨리지 말아야할, 아니 어쩌면 그들보다 모든 승선 인원에게 더 큰 영향을 미치는 사람이 있다. 바로 조리를 담당하는 사람들이다. 바다 위에서는 먹고 싶은 게 생겼다고 갑자기 배달을 시킬 수 없다. 당연한 일이다. 육지에선 문밖을 나서면 온갖 식당이 줄지어 서있지만 배에선 문을 열면 온통 푸르게 펼쳐진 바다뿐이다. 그러니 선내에서 1~2개월씩 생활하는 사람들에게 조리부가 얼마나 소중한 존재인지는 굳이 더 설명할 필요가 없을 것이다.

학교나 직장에서 급식이 나와도 매 끼니를 급식에만 의존하기는 어려운데, 선내에서는 늘 같은 조리부의 음식만 먹게 된다. 물론 선택의 폭이 넓지 않다는 아쉬움은 있지만, 그게 그리 힘들지는 않다. 오히려 일주일의 식단표를 보면서 언제 어떤 음식이 제공될지 기대하는 즐거움이 있다. 배 안에서 즐길 수 있는 것들이 별로 없고, 사람들이 맛있는 음식에서 얼마나 큰 심리적 위안을 얻는지 모두 알고 있으므로 조리부는 음식 솜씨가 뛰어난 사람들로 구성된다. 탐사기간 내내 먹거리 고민 없이 맛난 음식을 무제한으로 먹는 생활을 하다가 육지에서 밥 먹을 식당을 찾고, 가격표가 붙은 메뉴판을 보다 보면 새삼 선내 생활이 다시 그리워질 정도다.

우리는 차려 주는 대로 먹기만 하면 그만이지만 오래 이어지는 항해일수록 조리부의 고심은 깊어지는 듯하다. 재료가 떨어졌다고 마트에 가서 필요한 것을 사 올 수도 없는 형편이니 항해를 준비하는 동안 주식과 부식의 재료를 넉넉히 준비하고 재료 관리에 각별히 신경을 쓰는 것이 느껴진다. 균형 잡힌 식사는 물론이고, 국내 연구선의 경우 떡볶이나 떡꼬치 같은 간식들도 제공된다. 라면도 종류별로 비치되어 있는데, 덕분에 나는 그 유명한 '짜파구리'도 배 위에서 처음

맛보았다. 냉장고를 채운 각종 음료수와 아이스크림은 때로는 무료하고 갑갑한 선상 생활에 소소한 즐거움이다.

주로 한식을 먹긴 하지만 어느 날은 짜장면이 나오기도 했고 함박스테이크가 근사한 샐러드와 나오기도 했다. 나는 음식 사진을 잘 찍지 않았었는데 꽃게를 넣은 해물칼국수는 너무 맛있고 반가워서 사진을 찍어 가족들에게 보내기도 했다.

조리부는 아침, 점심, 저녁 식사 외에도 미리 신청을 하면 야식을 만들어 주기도 했다. 연구 해역에 도착하면 너무 바빠져서 끼니를 놓치기가 쉬웠는데, 아침, 점심, 저녁 식사 모두 든든한 메뉴로 구성이 되어 있어서 한 번 끼니를 놓쳐도 다음번에 제때 찾아가 밥을 먹으면 에너지를 채우는 기분이 들었다.

국내 연구선에서는 한식이 주를 이루지만 미국, 러시아, 독일 등 해외 연구선에서는 당연히 한식을 접하기 어렵다. 대신 세계의 다양한 음식을 맛볼 기회를 얻는다. 개인적으로는 특별히 가리는 음식이 없어서 어느 나라 연구선에 승선해도 음식 때문에 고생하는 일은 없었고, 오히려 새로운 요리를 접하는 즐거움을 더 많이 느낄 수 있었다.

해외 연구선에서는 음식만 다양한 것이 아니라 선내 식사 문화를 포함한 그 나라의 문화도 배울 수 있어 더욱 즐겁고 흥미롭다. 독일 연구선에 승선했을 때에는 선내 식당에 입장하기 위해 매번 옷도 갈아입고 신발도 갈아 신어야 했다. 갑판에서 일하던 작업복 차림으로는 식당 입장이 불가했다. 깨끗한 옷으로 갈아입고 와야만 식당에 입장할 수 있었는데, 입장하면 자리도 안내해 주고 서빙도 해주었다. 테이블에 앉으면 아래와 같은 질문으로 시작한다.

"Coffee or tea?(커피 드릴까요? 아니면 차를 드릴까요?)"

비교적 '자유롭게' 입장해서 모자를 벗기만 한다면 특별히 예의를 차릴 필요가 없던 미국 연구선과는 사뭇 다른 분위기였다. 미국 연구선에서는 대부분 뷔페식으로 각자 원하는 음식을 원하는 만큼 담아 아무 곳에서나 편하게 먹고 마시는 '자유로움을 추구하는' 분위기이다. 반대로 독일을 비롯한 유럽 연구선에서는 마지막 디저트까지 각 잡힌 서빙을 해줄 정도로 격식을 좀 갖추는 편이다.

독일 연구선을 타고 열대 대서양 횡단 조사를 했던 때다. 탐사 기간 중에는 매일 현지 시간(이때도 동쪽으로 항해하고 있었기 때문에 며칠이 지날 때마다 계속 1시간씩 시간이 앞당겨졌다) 오전 10시 30분과 오후 3시 30분이 되면 바(bar)에서 '공식적인' 티타임도 가졌으며, 야간에는 주류도 제공했는데, 이

것도 승선 조사 중 선내에서는 철저히 금주 정책을 실시하는 미국 연구선과는 확연히 달랐다. 당시 독일 연구원에게 들으니 이 정도 크기의 영국 연구선에는 바가 두 개나 있다고 하면서 더 잘 차려주는 연구선도 있음을 알려주었다.

학부 졸업과 대학원 석사 과정 입학 직후 러시아 연구선에 승선했을 때에는 아직 경험이 부족했기 때문이었는지, 아니면 차가운 동해 바다에서 승선 조사 활동을 했기 때문이었는지 모르겠지만 탐사 기간 내내 잔뜩 긴장한 상태였다. 오죽하면 당시 러시아 승조원들과 연구원들이 나를 보고 '군인 같은 친구'라고 불렀다. 미국과 유럽 등의 여러 연구선에 오르며 선내 생활이 익숙해지니 여유도 생기고 긴 탐사 기간 중 긴장하고 집중해서 몰두할 때와 쉬면서 긴장을 푸는 때를 잘 구별할 수 있게 되었다. 심하게 흔들리며 바닷물이 계속 들이치는 갑판에서 크레인 등의 중장비를 사용하여 무거운 탐사 장비를 올리고, 내리고, 당기고, 풀며 작업하는 중에는 누구라도 긴장을 늦출 수 없을 것이다. 그러나 다른 선박 그림자도 안 보이는 잔잔한 바다 한가운데에서 순항하는 중에 교대 근무 중인 시간도 아니라면 굳이 긴장을 유지할 필요는 없다.

미국 연구선도 비슷했지만, 특히 독일 연구선에서는 일상의 먹고 마시는 시간 외 여러 이벤트를 만들어 사람들이 바다 위의 무료한 시간을 달래도록 배려했다. 특별한 작업이 없던 기간에는 갑판 중앙에 설치한 인공 야외 풀장에서 매일 해수욕(실제 풀장 내 해수를 채우고 계속 펌프로 순환시켰다)을 하는 연구원들도 있었고, 비키니 수영복을 입은 채 나무 갑판에 큰 수건을 깔고 누워서 한낮의 열대 대서양의 햇살을 받으며 일광욕을 즐기거나, 해먹을 설치하고 그 안에서 '흔들림 없이' 낮잠을 즐기는 연구원들도 있었다. 나는 당시 그 선박에 승선한 유일한 동양인이라 너무 눈에 띌 것도 걱정되고, 수줍음 때문에 사람들과 어울리기보다는 주로 붉게 물든 석양을 바라보며 맥주 한 잔을 하는 정도로 소심한 여유를 즐겼다. 그렇지만 아주 가끔은 그들과 어우러져 인공 야외 풀장과 갑판에서 해수욕과 일광욕을 함께 하기도 했다. 매주 일요일에는 식사 전에 체중을 잰 후에 해산물을 제공하는 이벤트 같은 루틴이 생기기도 했다. 뷔페식이었던 만큼 스스로 절제할 수 있도록 하기 위함이었던 것 같다. 이처럼 특별한 날이 있으면 있는 대로, 없으면 만들어서까지 모두가 즐거운 시간을 보낼 정도로 파티에 진심인 유럽인들의 감성을 느꼈던 점도 흥미로운 경험이었다.

열대 대서양을 건너는 긴 승선 조사 기간 중 옥토버페스

의외로 제대로 갖출 건 다 갖춘 파티였다.

트 축제 기간이 되자 이를 준비하는 승조원들과 연구원들의 손길이 분주해졌다. 크리스마스트리 장식을 연상케 하는 작은 램프들이 연결된 전선을 3~4층 선실에서부터 1층 갑판까지 곳곳에 길게 늘어뜨려 연결했는데, 밤이 되자 선박 전체가 아름답게 반짝였다. 갑판에 설치한 거대한 앰프에서는 음악이 나오고, 한쪽에 차린 야외 테이블과 의자에 사람들이 하나둘 모여들기 시작했다. 갑판에 맥주 드럼통 여러 개와 바비큐 시설들을 설치한 것이 보였다. 열대 바다 위를 달리는 선상에서 상쾌한 바람을 느끼며 해 질 녘 노을을 배경으로 각종 소시지와 스테이크를 먹고 맥주를 마시는 즐거운 파티는 그렇게 시작되었다. 이럴 걸 미리 알았는지 연구원들은 어느새 준비해 온 드레스와 신사복으로 갈아입고 갑판에 모여 댄스파티를 벌였다. 야외 갑판에서나 실내 바에서나 그날만큼은 연구선 전체에서 음악이 흘렀다. 고된 연구를 잊게 하는 낭만적인 파티 분위기가 늦은 밤까지 끊이지 않았다. 불과 몇 시간 전까지 수천 미터 깊은 해저에 설치된 장비를 끌어올리기 위해 갑판에서 세찬 열대 스콜을 맞아 속옷까지 적셔가며 장시간 고된 작업을 함께 했던 사람들이 맞는지, 과연 내가 지금 연구 크루즈 중인 것이 맞는지 의심할 정도로 긴장이 풀리는 시간이었다.

2부

바다 위의
실험실

어쩌면 운명처럼

대중강연을 하다 보면 종종 다음과 같은 질문들을 받게
된다.

"원래부터 해양과학자가 되려고 생각하셨나요?"

"언제부터 해양과학자로 살겠다고 결심하셨어요?"

"해양과학자가 된 특별한 계기가 있으세요?"

마치 일찍이 해양과학자가 되겠다고 마음먹고, 오랜 기간
맞춤형 학업에 전념하거나, 어느 날 갑자기 운명처럼 뜻을
품고 열심히 노력해서 해양과학자가 됐다고 생각하는 모양
이다. 그런데 아무리 생각해 봐도 학창 시절에 해양과학자
를 꿈꾸고 정진했던 기억은 없다. 물론 어렸을 적 해변에서

모래성을 쌓거나, 부서지는 파도에 발을 담가본 기억, 방학 숙제로 200자 원고지 5매 분량의 과학 독후감을 쓰기 위해 미래 바닷속 세상에 대한 공상 과학 소설을 읽었던 기억은 남아 있다. 그러나 해양과학자라는 진로를 정해두고 특별하게 준비하지는 않았다.

고등학교 2학년 때 문과 4개 반(예체능 포함)과 이과 8개 반으로 학생들을 배정했었다. 그중 이과반은 다시 생물, 지구 과학 각각 4개 반으로 구분했다. 과학 교과목들 중 물리와 화학은 공통이지만, 생물과 지구 과학은 둘 중 한 과목만 선택해서 교육하려는 취지였다. 나는 생물반을 선택했다. 확실히 고등학교 재학 당시에도 해양과학 분야와 인연이 있지는 않았다.

대학 지원을 할 때쯤 생물 공부에 흥미를 잃게 되어 지구 과학 관련 학과를 찾았다. 입시를 위해 준비했던 본고사 5과목 중에도 지구 과학은 없었다. 나는 최종적으로 지질해양학과군이라는 모집 단위에 지원해서 합격했다. 대학에 들어오고 나서야 바다와 아주 조금이나마 인연이 생긴 것이다.

대학 입학 후에도 교양 교과목 위주로 수강했던 1, 2학년 때까지는 뚜렷하게 해양과학을 전공할 생각은 없었다. 그저 막연히 해양, 지질, 대기 등의 지구환경과학부 전공 교과목들을 수강하겠다는 생각만 가지고 있었다. 3학년이 되면서 심도 있게 공부할 분야를 선택해야 했는데, 나는 지질학과 해양과학을 두고 고민했다. 그 고민도 깊게 했던 것은 아니다. '돌 보기를 황금같이 하라'는 지질학도 매력은 있었지만 당시 관악산의 지질을 배우러 산을 오르내리는 것이 힘들었고, 지질학은 딱딱한 고체를 주로 다루는 학문 같다는 막연한 생각에 좀 더 부드럽게 느껴지고 미래 지향적인 느낌을 주는 해양과학을 선택했다. 무엇보다 우리가 늘 발 딛고 서 있는 땅보다 멀리 있는 바다가 더 동경의 대상으로 느껴졌다. 전공을 한다고 무조건 평생 직업으로 삼아야 하는 것은 아닌데, 지금 생각해 보면 참 단순한 결정이었다. 실제로 해양과학을 전공했다고 해서 다 해양과학자가 되는 것도 아닌데 그때는 산이나 바다 중 하나를 반드시 선택해야만 한다고 생각했다. 결과적으로 나는 아주 잘 맞았지만.

비록 전공이나 진로에 뚜렷한 결심이 있던 것은 아니었지만, 당시 '기초 유체역학' 수업에서 바닷물이라는 유체의 운동을 수학적으로 풀어내는 과정을 접했을 때, 그 과정이 어렵지만 신기하고 흥미롭게 느껴졌다. 그 후에 '물리해양학', '조석과 파랑', 그리고 '기초'를 떼어낸 '유체역학' 같은 과목들을 통해 본격적으로 해양의 다양한 물리 현상들을 접하면서 해양과학 연구에 매료되었다.

해양과학자로의 진로를 고려하기 시작한 시점은 대학 3학년을 마치고 대학 졸업에 필요한 이수 학점이 얼마 남지 않았을 때였다. 전공 공부에 흥미를 느꼈기 때문에 학부 졸업 후 대학원 진학을 결심하고, 지도 교수님을 찾아가 4학년 2개 학기, 즉 1년 동안은 교수님의 연구실에서 대학원 입학 전 학부생 연구 인턴을 하면 어떨지에 대해 상의드렸다. 당시 교수님이 하신 말씀이 아직도 생생하다.

"왜 대학원에까지 와서 공부를 더 하려고 하니? 꼭 공부를 더 해야 하니? 아니면 다른 길이 없어서 어쩔 수 없이 대학원 진학을 생각하는 거야? 대학원에 진학하지 않고 그냥 남들처럼 평범하게 취직하면 안 될까?"

마치 〈삼국지연의〉에서 수성에만 집중하는 장수를 성 밖으로 유인하기 위해 일부러 약을 올리는 것처럼 교수님은 대학원 입학을 하지 않는 것이 더 나은 선택 아니냐며 대학원 입학을 재고하라고 조언하셨다. 도발을 유인하는 듯한 면담에서 나는 오기가 발동했다. 꼭 대학원에 진학해서 훌륭한 해양과학자로 성장하겠다며 교수님을 설득한 뒤에 비로소 연구실 학부생 인턴 생활을 시작할 수 있었다.

다소 이상한 방식의 동기부여라고 할 수도 있겠지만, 상황이 이렇게 되니 연구 활동 과정에서 겪게 되는 각종 좌절과 어려움의 고비마다 '그만두고 포기하겠다'는 소리를 입밖에 내기가 몹시 어려웠다. 누가 시킨 것도 아니고 대학원 진학을 말리는 지도 교수님을 겨우겨우 설득해서 꼭 하고 싶다고 강한 의지를 피력한 건 나였으니 말이다. 내 말의 책임감 때문에 어지간한 어려움에는 쉽게 낙담하거나 좌절할 엄두가 나지 않았다. 세월이 지난 후에 되돌아보며 느끼는 것이지만, 그때의 책임감이 원동력이 되어 힘든 연구실 생활을 끝까지 포기하지 않고 연구자로서 좀 더 많이 성장할 수 있었던 것 같다. 물론 그럼에도 힘든 순간이면 다른 길을 찾아보고자 다른 분야를 기웃거릴 때가 있었는데, 그럴 때마다 옆에서 함께 연구하는 선후배 등 대학원 동료들이 버팀목 역할을 해 주었기 때문에 무사히 박사 학위까지 마칠 수 있었다. 모든 분야가 마찬가지겠지만 특정 분야의 전문가로 성장하기 위해 가장 필요한 것은 끝까지 포기하지 않고 정진하기 위한 동기 부여와 끈기, 열정, 의지, 그리고 주변의 좋은 사람들일 것이다.

특히 학부 입학 동기들이 대학원에도 여럿 함께 진학했는데 모두 서로 다른 교수님들의 연구실 소속이었지만 점심시간이면 자연스레 모여 같이 점심을 먹고 차를 마시며 연구실 막내들의 희로애락을 함께했다. 지금 생각해 보면 별것 아닌 일도 그때는 왜 그리 억울하고 힘들게 느껴졌는지. 그 마음을 알아주고 서로 위로해 주는 동기들이 있어서 좋았다.

동기들이 나의 위로였다면 선배들은 나의 힘이었다. '아는 것이 힘'이라 하지 않던가? 지금은 인터넷으로 뭐든지 다 찾아지는 세상이지만 그때는 논문을 하나 찾아 읽는 것도, 자료를 찾는 것도 쉽지 않았다. 학부 4학년 때부터 해양 순환 연구실에서 대학원 생활을 시작한 나는 현장 관측 중심의 물리해양학이라는 생소한 분야에서 걸음마를 떼는 아이 같았다. 선배들은 어려운 여건 속에서 힘들게 얻은 귀한 데이터뿐만 아니라 데이터를 처리하고 분석하는 각종 노하우까지, 자신들이 아는 것들을 나눠주고 가르쳐주었다. 몇몇 선배들은 자기가 몇 개월, 몇 년에 걸쳐 스스로 어렵게 알아낸 노하우를 내가 단 1시간만에 배워 터득할 수 있을 정도로 친절하게 알려주었다. 해양과학자로 성장한 지금도 인턴부터 시작해서 대학원 입학 초기에 크게 힘이 되어 주었던 선배들에 대한 감사함은 잊을 수가 없다. 돌이켜보면 그동안 도움을 받지 않은 사람이 없다고 할 정도로 수많은 은인과 인연을 맺을 수 있었던 삶이 너무나 감사하다.

우연처럼 이 일을 하게 된 것 마냥 이야기했지만 어쩌면

날 때부터 배를 탈 운명이었을지도 모른다. 대학원 연구실에서 인턴 활동을 하며 러시아 연구선에 승선하여 동해 먼 바다까지 다녀오는 2~3주의 현장 관측 승선조사 참여 기회를 얻었을 때이다. 그때 확실하게 알게 된 점은 내가 뱃멀미를 전혀 안 한다는 것이었다. 거친 파도 위에 놓인 연구선이 흔들려 승선한 동료들이 뱃멀미로 고생할 때에 나는 멀쩡했다. 적성만이 아니라 뼛속까지 해양과학자의 유전자를 물려받은 셈이었다. 뱃멀미로 고생하는 동료들을 볼 때마다 해양과학자로서 뱃멀미가 없는 체질을 물려주신 부모님께 어찌나 감사한지 모른다.

음식도 가리지 않고 다 잘 먹는 편이라서 당시 러시아 연구선에서 제공하는 각종 러시아 음식을 아주 맛있게 잘 먹으며 승선 활동 자체를 즐길 수 있었다. 연구에 필요한 데이터를 얻기 위해 지금까지 여러 종류의 다양한 선박에 승선했지만 아직까지 뱃멀미는 단 한 번도 경험한 적이 없고, 여러 선박의 다양한 먹거리를 음미하며 승선 조사 활동을 즐기고 있으니 해양과학자로서 축복받은 체질인 것은 분명하다.

연구 활동을 할수록 해양과학에 대한 흥미는 더욱 커지

게 되었다. 특히 도시에서 나고 자란 내게 배를 타고 실제 바다 현장에 나가서 '살아 있는' 데이터를 수집하고 그렇게 수집한 데이터를 분석하며 연구하는 과정은 그 자체로 자연과 크게 교감할 수 있는 행복한 기회였다. 굳이 산으로 바다로 여행을 다니지 않아도 연구 활동 자체가 연구이자 자연과의 정서적 교감을 나눌 기회가 되니 이처럼 좋은 직업이 또 있을까 싶다. 직접 수집한 데이터를 유체역학으로 해석하면서 자연 현상의 과학적 원리를 설명하고, 그 결과로 새로운 현상을 발견할 때마다 희열을 느낀다. 나에게 바다는 연구 대상이자 교감할 수 있는 자연이며 동시에 삶을 지속시켜 주는 원천이 되었다.

어느새 약 75회의 승선 조사 경험을 가진 중견 해양과학자가 되었지만, 여전히 승선 조사에 참여할 때마다 이번엔 어떤 흥미로운 모험과 여행이 펼쳐질지에 대한 기대로 가슴이 떨린다. 과학자로서 새로운 현상을 발견했을 때 느끼는 기쁨과 희열 역시 학생 때나 지금이나 여전히 변함이 없다.

바다의 탐정 혹은 프로파일러

바다에 대한 가장 심각한 오해는 아마도 바다가 바닷물로만 채워져 있다는 믿음일 것이다. 푸른 바닷물을 떠서 유리컵에 담아 놓으면 실제로 바닷물은 파란색이 아니라 투명하다는 것을 알 수 있다. 그러나 투명한 바닷물도 현미경 등으로 자세히 들여다보면 셀 수 없이 다양한 생물과 무생물로 채워져 풍요로운 생태계를 이루고 있음을 알 수 있다. 이처럼 활기찬 생물들과 우리 눈에는 잘 보이지 않지만 다양한 미생물로 가득한 바닷물이 측정 불가한 수준의 부피로 자리하고 있는 바다는 경이로움 그 자체다. 이 경이로운 바다는 사람을 가리지 않는다. 누구에게나 동일하게 주어지는 평등의 공간이다. 어떤 면에서는 가장 편안하고 안전한 공간인 셈이다.

작은 배를 타고 동해 연안을 다니다가 동해 먼바다로 나가는 큰 배를 처음 탔을 땐 모험을 떠나는 것 같았다. 사방이 트인 공간에서 갈매기의 소리를 들으며 바닷바람을 맞을 때의 시원함이란. 여행을 목적으로 하는 크루즈는 아니었지만 배를 타고 먼바다로 나가는 게 꼭 새로운 세계의 문을 여는 것 같았다.

나의 모험심과는 다르게 처음 배를 탈 무렵에는 주변에서 걱정을 많이 했다. 그 중에서 가장 많이 들은 이야기는 태풍이 오면 어떡하냐는 것이었다. 태풍이 오면 연안에서 움직이는 작은 배들은 바다로 나오지 않고, 망망대해에 떠 있는 배들은 피항하기 위해 가까운 섬이나 육지로 급히 이동한다. 바다에 나가 있는 배에서는 비구름을 레이더로 확인하고 강풍과 호우가 몰아치는 태풍 영향권 바깥의 안전한 지역으로 피하기도 한다. 태풍의 중심이 이동하는 경로를 잘 예측하고 태풍 영향권이 시시각각 어떻게 변화할지 미리 파악할 수 있다면 꼭 섬이나 육지로 피항하지 않고, 오히려 태풍 영향권 바깥에 있는 먼바다로 이동할 수도 있다. 실제로 과거에 태풍이 한반도를 향하고 있는 동안 내가 탄 배는 미리 먼

바다로 나아가 태풍 영향권에서 벗어난 적도 있다. 생각보다 태풍은 잘 피해 갈 수가 있으니 그리 위험한 요소가 아니다. 다만 조금 귀찮을 뿐이다.

바다는 매우 변덕스러워서, 거울처럼 투명하고 잔잔하다가도 언제 그랬냐는 듯이 강풍이 불며 금방이라도 배를 뒤집을 듯 거친 풍랑이 일기 시작한다. 어떤 승선 조사에서도 궂은 날씨만 지속되거나 좋은 날씨만 지속되는 경우는 보기 어렵다. 한 치 앞도 종잡을 수 없는 바다 위에 있다 보면 자연스레 인생의 굴곡도 생각하기 마련이다.

오늘날의 평균 수명을 고려하면 인생의 전반기 정도를 마친 내게도 그동안 다양한 굴곡이 있었다. 만사형통이라는 말처럼 하는 일마다 척척 진행되고 주변의 온정을 느끼며 다 함께 큰 기쁨을 나누는 시기가 있었는가 하면, 일이 잘 풀리지 않고 왜곡과 오해로 억울한 일까지 당해 죽을 만큼 괴로운 시기도 있었다. '인생사 모두 새옹지마'라는 이야기도 있다. 어렵고 힘든 시기에는 위로가 되고, 순탄하고 행복을 느끼는 시기에는 자만하지 않도록 돕기 위해 이처럼 좋은 말이 없는 듯하다. 나는 해양과학자이니까 '인생사 모두 파도'라고 하는 것이 조금 더 어울리겠다. 마루가 있으면 골이 있고, 폭풍이 치면 해일이 일고 바람이 불지 않으면 이보다 고요할 수가 없는 바다는, 널리 쓰이는 말처럼 인생을 닮았다.

많은 사람이 무섭고 위험한 곳으로 여기는 바다가 내게는 오히려 종종 편안하고 안전하게 느껴지는 이유는 어쩌면 나의 자연 친화적인 성향 때문일지도 모른다. 많은 사람이 모여 복작거리며 사는 대도시에서 태어나고 자라면서 매일 벌어지는 각종 사건사고 뉴스를 접하며 살았기 때문인지 일단 도심을 벗어나 자연 속에 머물다 보면 모든 걱정 근심이 사라지는 느낌이다. 바람 한 점 없이 고요한 어느 날, 연구선 갑판에서 드넓은 바다를 바라보면, 자연 속에 존재하는 지극히 본래의 한 인간으로 돌아간 듯하다. 그렇게 스스로를 돌아볼 때면, 바다가 주는 편안함과 안전함이 너무나 감사하게 여겨진다. 마치 접근을 허락하지 않았던, 베일에 싸여 있는 대자연의 비밀을 나에게만 특별히 허락해 준 느낌이다.

바다는 누구도 차별하지 않고 인간을 그 자체로 품어준다. 배를 타고 먼바다로 나가 육지도 다른 배도 전혀 보이지 않는 그야말로 망망대해에 머물 때면 바다와 나만 남는다. 사방팔방에 수평선 끝까지 다른 누구도 그 어떤 사람도 보이지 않고 오롯이 바다를 느끼다가 연구선 메인랩(main lab,

선내 중앙부의 가장 큰 연구실) 수십 개의 모니터에 표출되는 측정 데이터들을 통해 잔잔한 해수면 아래 세상을 엿보는 느낌은 짜릿하기까지 하다. 잔잔한 바다 위와 달리 바닷속 세상은 매우 역동적이며, 현재까지 과학자들이 알아낸 현상 외에도 아직 밝혀내지 못한 새로운 환경이 끊임없이 펼쳐지는 무한 탐구의 대상이다. 바다의 숨결을 느끼고자 각종 장비를 동원해 탐사를 펼치는 해양과학자들을 바다는 그대로 품어준다.

심해에 관측 장비를 설치하고 음향 장치를 이용해서 장비가 계획대로 해저면을 향해 잘 가라앉고 있는지, 그리고 완전히 잘 가라앉았는지 등을 확인할 때, 1년 이상 오랜 기간 심해에 설치해 두었던 장비를 회수하고 추출한 데이터를 최초로 읽을 때, 데이터를 처리하고 분석하다가 그동안 알려진 지식만으로는 설명할 수 없는 새로운 현상을 발견했을 때, 연구 결과를 논문으로 정리하여 발표할 때마다 가슴이 너무 벅차다. 별거 아닌 것 같아 보여도 이만큼 감격하는 이유는 심해로 장비를 보내서 환경을 측정하는 일이 그만큼 어렵기 때문일 것이다. 심해는 천해처럼 잠수사가 접근하여 직접 확인해 볼 수도 없는 노릇이니 전적으로 음향 장치 등의 신호를 이용해 설치한 관측 장비로만 파악해야만 하는데, 넓고 깊은 바다에 비해 한참 작은 장비를 생각하면 측정 시도 자체가 매우 도전적이라 더욱 탐구심이 불타오른다.

심해에 설치하는 관측 장비 대부분은 부표와 연결하지 않고 장비 전체가 수중에 위치하도록 하기 때문에 설치 후에는 배에서 눈으로 확인할 수가 없다. 음향 신호 장치를 이용해 수중의 관측 장비와 음파 통신을 해야만 수중 관측 장비의 상태를 확인하거나 회수할 수 있다.

심해에 설치해 둔 관측 장비를 찾기 위해서 정확한 GPS 경도, 위도 좌표 위치에 연구선이 도착해도 드넓은 바다에서 자그마한 관측 장비를 찾기란 여간해서는 쉽지 않다. 장비가 가라앉아 있을 것으로 예상되는 곳에 도착하면, 먼저 청음기와 같은 센서를 통해 장비에서 보내는 음향 신호를 감지한 뒤 음향 장치를 이용해 장비와 음향 신호로 교신을 시도한다. 교신에 성공하면 장비가 얼마나 떨어져 위치하고 있는지 확인 후 회수를 위한 음향 신호 명령을 보낸다. 장비가 명령을 받으면 무거운 앵커 부분과 장비를 연결하고 있는 고리가 풀리면서 관측 장비가 떠오르기 시작한다. 배에서는 음향 신호를 지속적으로 보내며 남은 거리를 측정한다. 장비가 잘 떠오르고 있는지 점검하다가 해수면에 도착할 때

바다 위에서 부이 찾기란 모래사장에서 바늘 찾기만큼이나 어렵다.

가 되면, 선교(항해를 지휘하는 곳)에 가서 쌍안경 등을 동원해 360도 모든 방향의 해수면을 내려다보며 떠오른 관측 장비를 찾는다. 떠오르는 과정에서 해류를 타고 많이 밀려가거나 어떤 이유로든 해수면까지 잘 떠오르지 않거나, 떠오른 장비가 해류를 타고 흘러가게 되면 시간이 지날수록 점점 더 찾기 어려워지기 때문에 많은 연구원과 승조원이 눈에 불을 켜고 수색한다.

이처럼 장비를 설치하고 회수하기조차 어려운 심해를 장기간 측정하고, 손에 넣은 데이터를 분석해서 심해 환경에 대한 새로운 발견을 논문으로 정리하다 보면 간혹 내가 마치 병원에서 청진기와 CT, MRI 등 온갖 장비로 환자를 진찰하는 의사 같다는 생각이 들기도 한다. 혹은 심해에서 그동안 어떤 환경 변화가 있었는지를 알아내기 위해 하나의 스토리를 바탕으로 가설을 세우고, 수집한 데이터로부터 가설을 검증하는 과정은 마치 용의자의 알리바이와 사건 현장에서 수집한 몇몇 데이터를 바탕으로 범인을 찾는 탐정이나 프로파일러 같기도 하다.

존재를 모른다고 해서 존재하지 않는 것은 아니라는 이야기가 있다. 아직 인류가 발견하지 못한 수많은 종의 심해 생물을 비롯해서 심해 바닷물의 특성뿐만 아니라 바다 전반에 관해 아직 알려지지 않은 새로운 지식을 발견하며 느끼는 기쁨은 어떤 무엇과도 비할 수가 없다. 나의 노력이 바다에 대한 인류의 지식 범위를 넓히는 데에 조금이나마 도움이 되고 보탬이 된다는 사실에 감사하다.

대부분의 사람은 잔잔한 바다 밑을 별로 궁금해하지 않는다. 멀리 보이는 수평선과 맞닿은 하늘의 아름다움, 시원한 바닷바람과 싱싱한 해산물로 바다를 기억할 뿐이다. 그러나 바다는 해수면 아래 심해 환경에 의해 크게 좌우되며, 심해 환경의 변화는 바다를 통해 그리고 맞닿은 대기를 통해 우리의 일상에까지 직접적으로 연결되어 있다. 전 세계가 직면한 기후위기를 초래한 대표적 온실가스인 탄소만 하더라도 현재 대기 중에 존재하는 탄소보다 월등히 많은 엄청난 양이 심해에 저장되어 있다. 대기 중의 탄소가 해양에 흡수되어 심해에 격리되고 있는데, 매년 16억 톤 이상씩 저장되고 있을 정도로 바다, 특히 심해는 전 지구적 탄소 순환과 기후위기 대응에 매우 중요한 역할을 맡고 있다. 안타깝게도 바닷물의 수온이 증가하면서 심해의 탄소 저장 능력은 감소하는 중이다. 심해의 탄소 저장 능력이 감소할수록 탄소가 심해 바깥, 즉 상층 해양으로 새어 나와 대기와 맞닿은 상층

잔잔한 수면 아래에 무엇이 잠자고 있을지 늘 궁금하다.

해양이 대기의 탄소를 흡수할 수 있는 능력이 떨어지게 되므로 우려가 크다. 심해에서 벌어지는 일에 우리가 무심할 수 없는 대표적인 이유 중 하나다.

마침 지난 2021년부터 2030년까지의 기간을 유엔에서 "해양과학 10년"이라 선언하고, 우리가 원하는 바다를 위해 우리에게 필요한 과학을 할 수 있도록 인류가 함께 노력할 것을 천명했다. 늦은 감은 있지만 기후위기가 심해지는 오늘날 2030년까지 지속 가능한 발전을 위해 사회 모든 부문의 대전환 노력이 이루어지는 현실을 고려할 때, 이제라도 해양과학에 힘을 쏟으려는 국제사회의 움직임은 지극히 적절한 노력이라 생각된다.

바다는 많은 가능성을 품고 있고, 우리는 이제야 조금씩 수면 아래를 들여다볼 수 있게 되었다. 나의 노력과 다른 과학자들의 노력이 심해를 비추는 빛이 되길 바란다. 모쪼록 해양과학의 발전으로 더 많은 사람이 바다에 대해 잘 알게 되었으면 하는 마음이다. 그리하여 2030년 이후에는 인류와 바다와 조화로운 공존이 가능해지길 기대한다.

인생은 파도

바다의 파동, 웨이브(waves)는 뚜렷한 경계가 존재하는 때와 장소에서 가장 극명하게 드러난다. 바다에 경계가 존재하는 때와 장소라니. 이것이 무슨 뜻일지 궁금할 것이다.

여기서 경계는 영해, 배타적 경제 수역, 어업 구역, 작전 구역 등과 같이 인간이 임의적으로 바다에 그은 경계가 아닌 자연적인 경계를 의미한다. 즉, 바닷물과 하늘이 맞닿은 경계인 해수면을 비롯하여 서로 다른 종류의 바닷물 사이에 나타나는 전선(front)과 같은 것들이다. 전선은 일기도나 전쟁터에만 존재하는 것이 아니다. 바다 곳곳에도 전선이 존재하고 있는데, 그 위치는 시시각각 변화한다. 바닷속에서 서로 다른 특성의 바닷물이 마주하여 장벽처럼 경계를 이루고 있다. 물론 경계는 바다에만 있는 것은 아니다.

우리도 다른 사람을 만날 때 경계를 뚜렷하게 세우며 선을 그을 때가 있다. 누구나 서로의 경계를 침범하면 종종 당황하거나 공격적으로 변하기도 한다. 그러나 서로 잘 어우러지며 융합하는 경우에는 하나가 되는데, 바다에서도 종종 전선이 사라지는 경우를 볼 수 있다.

융합에는 세 가지 단계가 있다. 첫째가 묶기의 단계, 둘째가 엮기의 단계, 그리고 셋째는 섞기의 단계다. 서로 다른 바다에서 만들어진 바닷물이 한 장소에 모이면 일단 하나로 묶인다. 묶기의 단계를 통과한 셈이다. 하나로 묶인 상태로 함께 해류를 타고 이동하면서 두 바닷물은 서로 가까워지는데, 한쪽에서 다른 쪽으로 에너지와 물질을 전달하며 엮이게 된다. 이렇게 엮기의 단계도 지나면 두 바닷물이 섞이면서 완전히 하나로 융합되어 동일한 특성을 가진 바닷물로 거듭난다. 마지막 섞기의 단계까지 통과한 것이다. 이처럼 결국 하나가 되어야 전선이 사라진다. 묶기의 단계를 통과했지만 마지막 관문인 섞기의 단계까지는 통과하지 않은 상태에서는 전선이 유지되고, 두 바닷물이 완전히 뒤섞이고 소멸하기 전까지 경계는 출렁이기 마련이다. 이 출렁임이 바로 파도, 웨이브다.

바다에서 확인할 수 있는 가장 뚜렷한 경계는 해수면이다. 바다와 하늘의 밀도 차이가 너무나도 큰 나머지 바다와 하늘은 서로 묶여 있으나 섞이지 않은 상태로 유지된다. 이때 바람이 불며 바다와 대기가 심하게 엮이면 진폭이 큰 웨이브가 만들어진다. 센 바람이 불수록 웨이브는 더 큰 진폭을 그리며 자라난다. 계속해서 강한 바람이 불면 바다는 결국 거친 파도가 거세게 이는 무시무시한 공간으로 바뀌게 된다. 해양과 대기 사이의 에너지와 물질 교환은 이처럼 강풍과 거친 파도, 즉 웨이브가 작동하는 때와 장소에서 가장 활발하다. 마치 서로 극명하게 다른 두 사람 혹은 집단이 서로 엮이면서 교감하고 거친 웨이브를 만드는 것처럼……

뱃멀미를 하는 이유도 배들이 이렇게 출렁이는 거친 바다의 해수면 위에 떠 있기 때문이다. 만약 그렇지 않고 바닷속 깊숙한 곳에 가라앉아서 이동한다면 출렁이는 거친 파도를 느끼지 않으므로 뱃멀미 문제도 저절로 해결될 것이다. 실제로 잠수함을 타고 수심 100미터 바닷속에서 이동한다면 해수면 파도에 의한 흔들림은 전혀 느껴지지 않을 것이다. 물론 바닷속의 또 다른 파도를 느낄 수는 있을 것이다.

바닷속에서 서로 다른 바닷물 사이의 경계가 출렁이며 생기는 파도를 내부파라고 한다. 즉, 웨이브는 해수면에만 존재하는 것이 아니다. 내부파 중에는 진폭이 100미터가 넘는 것도 존재할 정도로 해수면에 생기는 표면파에 비해 크기도 훨씬 더 크고 파장과 주기도 더 길다. 바닷속에는 다양한 내부파가 각양각색으로 전파되고 있는데, 진폭과 파장을 달리하는 수많은 내부파가 서로 다른 방향과 속도로 퍼져 가며 시시각각 새로운 환경을 만들어 내기도 한다. 내부파 외에도 다양한 종류의 웨이브가 한곳에서 만들어져 다른 곳으로 나아가는 등 매우 복잡하고 역동적인 세상이 펼쳐지고 있다.

웨이브로 구성된 바닷속을 탐사할 때도 다양한 웨이브를 이용한다. 특히 두 종류의 웨이브를 활용하는데, 하나는 빛이고 다른 하나는 소리이다. 우리는 눈과 귀를 통해 세상을 인식한다. 바다 환경, 나아가 지구 환경 역시 빛과 소리를 이용하여 인식할 수 있다. 바다 멀리 탐사하러 나아갈 수 있었던 것도 빛과 소리를 통해 바다 환경을 파악할 수 있었기 때문이다.

오늘날에는 전자기파의 가시광선 파장 외에도 짧은 파장의 자외선이나 긴 파장의 근적외선, 적외선, 마이크로파, 그리고 전파에 이르기까지 서로 다른 파장의 빛을 이용한다. 인공위성 등에 부착한 각종 센서들이 전 세계 바다 표면을 끊임없이 관찰하는 중이다. 그러나 바닷속은 빛이 잘 투과하지 않기 때문에 소리를 이용해 관찰한다.

소리는 압력이 작은 공기 중보다 압력이 큰 바닷속에서 4~5배나 더 빠르게 퍼진다. 우리가 바다 위에서 들을 수 있는 익숙한 소리는 '휘이잉' 바람 부는 소리부터 바닷물이 뒤집히며 포효하고 부서지는 파도 소리와 수십억 개의 거품이 쏴하며 터지는 부드러운 소리까지 각양각색이다. 그러나 이러한 소리가 바닷속 깊은 곳까지 도달하기는 어렵다. 바다 위 세상과 바닷속 세상이 공기와 물이라는 서로 다른 매질로 구성되어 있기 때문이다. 음파는 공기 중보다 수중에서 손실이 적고 더 먼 곳까지 더 빠르게 전달된다. 바닷속에서 퍼져 나가던 음파가 해수면에 부딪히면 반사되어 다시 아래로 전파된다. 압력 신호를 전달할 물 분자들이 대기 중에는 충분하지 않기 때문이다.

따라서 소리를 이용하면 깜깜한 바닷속을 훤히 들여다볼 수 있다. 다양한 주파수의 음파는 퍼져 나가는 과정에서 서로 다른 크기의 산란체로부터 영향을 받는다. 청음기에 포착된 음향 신호를 분석하면 어떤 크기의 산란체가 어디에 얼마나 있는지 파악할 수 있다. 실제로 바닷속 동물들은 소리를 이용해 빛이 잘 투과하지 않는 바닷속 세상을 인식하

태평양의 풍랑. 거친 파도일수록 하늘과 바다 사이의 물질 교환의 이득은
더 크다. 마음의 파도가 일렁일 때도 마찬가지라고 생각한다. 이 사실을 잊지
않으려고 하지만 막상 바다 위에서 거친 파도를 만나면 무섭다.

고 서로 소통하기도 한다. 소리로 보는 바닷속 풍경은 바람 소리, 거품 소리, 딱총새우가 공기 방울을 만드는 소리, 각종 동물이나 배가 내는 소리 등이 어우러진 매우 복잡다단한 모습이며 매 시각 끊임없이 변화한다. 해양과학 분야 중 바 닷속 음향을 다루는 수중음향학은 바닷속 소리의 과학을 다 룬다.

수많은 웨이브 중에서도 바다와 하늘을 이어주는 해수면 의 출렁임은 오래전부터 많은 연구가 이루어졌다. 해수면을 종종 여러 종류의 웨이브가 합쳐진 것으로 설명한다. 주기 와 파장이 다른 여러 웨이브를 합성하면 실제 관측되는 해 수면 형태를 완전하게 설명할 수 있기 때문이다. 해수면 웨 이브 중 가장 대표적인 두 종류의 웨이브는 조석과 파랑(파 도)이다.

조석은 달과 태양과 지구 사이의 상대적인 위치가 변하면 서 바닷물을 밀고 당기는 힘(기조력)이 지속적으로 작용하기 때문에 만들어지는 현상인데, 이를 조석파라고 부르며 일종 의 웨이브로서 조석을 설명하는 이론이 있다. 보름달이 뜨 고 대조기(밀물과 썰물의 차이가 가장 클 때)가 되면 밀물과 썰 물의 차이가 커지고, 조석 현상으로 인해 해수면의 규칙적인 출렁임이 심해진다. 즉, 조석파라는 웨이브의 진폭이 커진다는 의미다.

파랑은 넓은 의미에서 바다의 모든 웨이브를 지칭하기도 하지만 보다 많이 사용되는 좁은 의미에서는 풍랑과 너울을 의미한다. 풍랑이 바다 위에 부는 바람에 의해 거칠어진 바다 표면의 해수면이 출렁이는 것이라면, 너울은 바람이 불지 않는 먼 곳에서부터 전달된 웨이브를 뜻한다. 조석에 의한 웨이브가 하루 중 한 번(일주기) 또는 두 번(반일주기)의 출렁임을 겪는 것과 달리, 풍랑과 너울은 각각 수 초, 10초 내외로 매우 짧은 주기를 가진다.

조석과 파랑은 인류 역사에도 큰 영향을 끼쳤다. 조석 현상은 꽤 오래전부터 달─태양─지구 사이의 위치를 통해 비교적 정확하게 예측할 수 있었지만, 제2차 세계대전 당시만 하더라도 파랑은 쉽게 과학적으로 예측할 수 있는 대상이 아니었다. 며칠 후 또는 다음 주 어느 날의 바다가 병사들을 해안에 상륙시키기 수월할 정도로 잔잔한 바다일지, 아니면 흔들리는 상륙정 내부에 바닷물이 가득 차는 가운데 적의 공격을 받아 전멸에 가까운 피해를 보게 될 거친 바다일지를 신뢰도 높게 알아내는 것은 지금도 여전히 까다로운 일인데, 하물며 바다 위의 바람(해상풍)과 해수면의 출렁임을 감지하기도 어려웠던 1940년대에는 어땠을까? 당시 영국 수상이었던 윈스턴 처칠이 일기에 '두 대제국의 운명이 상륙정과 탱크라는 두 저주받은 물건에 달렸다'고 적을 정도로 연합군의 승리에 상륙 작전의 성공은 매우 절실했다. 상륙정이 언제 어디에 상륙할지를 결정하기 위해 해수면의 웨이브 예측은 그 무엇보다 중요한 일이었다.

오늘날 미 해군은 너무도 당연하게 전 세계 모든 해안의 파랑 예측 정보를 확인하지만 제2차 세계대전 당시에는 하랄 스베르드루프(Harald Svedrup) 스크립스 해양 연구소 소장이 해군 제독을 찾아가 직접 해군의 파랑 예측 필요성을 설득해야할 정도로 그 중요성을 알지 못 했다. 이런 설득을 시도했던 배경에는 스크립스 해양 연구소의 젊은 해양과학자 월터 뭉크(Walter Munk)의 연구 결과가 있었다. 월터 뭉크 박사는 제각각으로 무질서한 것처럼 보이는 풍랑이 해상풍에 의해 만들어지며, 넓은 영역에 걸쳐 오랜 기간 지속되는 해상풍은 더욱 거친 풍랑을 일으킨다는 점을 알아냈다. 월터 뭉크는 해상풍이 잦아들어도 일단 만들어진 풍랑은 계속 퍼져 나가 다른 곳으로 에너지를 전달하는 현상도 발견하는데, 특히 파장이 긴 풍랑은 대양을 가로질러 횡단할 정도로 아주 멀리 나아가서 해상풍이 전혀 불지 않는 해역까지 에너지를 전달하여 또 다른 웨이브, 너울이 된다는 것도 발견했다. 이로 인해 어디에서 만들어진 어떤 풍랑이 이디 에 어떤 너울의 형태로 전해져 올 지 일기예보를 토대로 시 시각각 변화하는 해상풍과 함께 어느 정도 예측할 수 있었 다. 월터 뭉크 박사의 새로운 파랑 예측 방법은 실제 연합군 의 북아프리카 해안 상륙 일자 결정에도 사용되었다. 인류 역사를 바꿀 정도로 중요했던 프랑스 북부 노르망디 해안의 대규모 병력 상륙이 성공할 수 있었던 숨은 비결 역시 월터 뭉크 박사의 파랑 예측 방법이었다.

스크립스 해양 연구소에 근무할 당시 가끔씩 월터 뭉크 박사를 본 적이 있다. 비록 지팡이를 짚기는 했으나 매우 건 강한 할아버지의 모습으로 기억한다. 스크립스 해양 연구 소를 떠난 지 몇 년 후 그의 100세 생일 기념 뉴스가 들려와 몹시 반가웠는데, 그로부터 얼마 지나지 않아 결국 세상과 이별하셨다는 소식이 들려와 안타까웠다. 그는 이제 더 이 상 연구소에 없지만 한 세기에 달하는 오랜 시간 동안 바다 의 수많은 과학적 원리를 밝힌 그의 연구 결과들은 영원히 사라지지 않을 것이다.

조석과 파랑이라는 바다의 웨이브를 과학적으로 잘 이해 하여 전장에 적용함으로써 역사를 바꾼 이야기는 제2차 세계대전 당시의 연합국에만 있는 것이 아니다. 국내에서 임진왜란과 정유재란 때 이순신 수군 제독이 보여준 용병술은 세계 해전사에서도 찾아보기 어려울 정도로 엄청난 것이었으며, 바다의 웨이브를 잘 이해하고 적용하여 나라를 구한 대표적 사례라고 할 수 있다.

임진왜란 3대 대첩의 하나로 꼽는 한산도 대첩도 이순신 제독의 조선 수군이 지형과 해류 흐름을 잘 활용하여 학익진을 펼치고 왜 수군을 대파하여 남해안 제해권을 확보한 유명한 해전이지만, 그보다 더 드라마틱한 해전은 바로 명량 대첩이다. 당시 조선 수군은 거의 궤멸 상태였고, 고작 12척 남짓의 함선으로 수백 척의 왜선을 막을 수 없을 테니 조정에서는 수군을 아예 폐지하려고 했었다. 그러나 "신에게는 아직 12척의 함선이 남아 있으니 죽을힘을 다해 싸우면 능히 대적할 수 있습니다"와 같은 그 유명한 장계를 올리며 끝가지 포기하지 않은 이순신 제독은 훨씬 적은 수의 함선만으로도 효과적으로 왜 수군을 막아내며 대승을 거뒀다. 그 비밀이 바로 우리나라 주변 바다 중에 가장 강한 조류가 흐르는 명량 해협의 조석과 웨이브를 정확히 예측하고 바다의 변화에 맞춰 전장을 유리하게 이끌었기 때문이다.

격군들이 노를 저어 배를 움직여야 했던 당시 상황을 고려해 보면 조류의 방향과 세기가 함선의 기동에 얼마나 큰 영향을 주었을지 상상해 볼 수 있다. 당일 오전에는 왜선들이 조류를 타고 깊숙하게 진입하는 것을 길목에서 막다가 오후가 되어 조류 방향이 완전히 바뀔 때에 진영 유지도 힘든 왜선들을 차례로 격파하며 적장을 비롯한 주요 지휘관들을 공격하는 전략은 웨이브에 의한 조류의 변화를 정확히 예측하지 않았다면 펼칠 수 없는 것이었다. 즉, 함선의 수가 아니라 바다를 더 잘 알고, 이를 전장에 활용한 작전이 해전을 승리로 이끌어 역사를 바꿀 수 있었던 것이다.

바다에서는 조석과 해상풍에 의해 만들어진 웨이브 외에도 다양한 웨이브 현상을 볼 수 있다. 예를 들면, 해저에서 지진이 발생하거나 해저 사태가 발생하면 해양 지각판이 아래위로 움직이며 해수면이 출렁거리게 되고, 해수면의 출렁임은 사방으로 퍼져 나가 해안선까지 도달하게 된다. 심해역에서는 웨이브의 전파 속도가 매우 빠르지만 수심이 얕은 천해역에 가까울수록 전파 속도가 느려지며 에너지가 모이면서 진폭이 커져 해안에 큰 피해를 주게 된다. 이것이 바로 쓰나미다.

2004년 12월 26일은 인류 역사상 최악의 쓰나미가 인도네시아를 덮쳐 14개 국가에서 총 20만 명 이상(우리나라 국민 20여 명 포함)의 사망자를 만든 날이다. 당시 인도네시아 수마트라 앞바다에서 규모 9.3의 해저 지진이 발생하여 인도네시아 반다아체와 같은 곳에는 20미터 이상의 파고를 가진 거대한 웨이브가 덮쳤고, 1~2시간 후에는 인도네시아 뿐만 아니라 태국, 스리랑카, 인도의 해안에도 웨이브가 도달했으며, 7시간 후에는 몰디브와 아프리카 동부 해안까지 웨이브가 덮쳤다.

2011년에는 동일본 지진으로 쓰나미가 발생하여 역시 큰 피해를 가져왔다. 이때에는 후쿠시마 원자력 발전소 폭발로 인한 2차 피해까지 불러와 전 세계적으로 큰 충격을 주었다.

지진 해일을 조금이라도 빨리 감지하여 사람들이 대피할 수 있도록 하기 위해 오늘날에는 큰 규모의 해저 지진이 잘 발생하는 해역에 해저 압력(수압)을 측정하는 압력계를 설치해 두었다. 해저 지진이나 해저 사태 등으로 쓰나미가 발생하여 해당 해역을 통과하면 압력 변화를 통해 쓰나미를 감지하고 언제 어느 해안에 어느 정도의 높이로 도달하게 될지 거의 실시간으로 파악하여 피해 예상 지역 사람들에게 알리는 시스템이다. 쓰나미가 해안에 도달하기 전에 단 몇 분만 더 일찍 알 수 있어도 생존 확률이 크게 높아지기 때문이다.

이 외에도 바다 안팎에는 많은 종류의 웨이브가 존재한다. 항만에서는 부진동(seiches) 혹은 공진(resonance)과 같은 항만 내부의 고유한 해수면 진동이 나타날 수 있는데, 이들은 진행파처럼 다른 공간으로 퍼져 나가지 않고 제자리에서 진동하는 정상파(한쪽 방향으로 퍼져나가지 않고 제자리에서만 진동하여 진폭이 변하지 않는 파동) 형태의 웨이브다. 내부파에도 여러 종류가 있다. 내부파는 내부중력파로도 부르는데, 다시 여러 종류로 세분하여 순수중력파와 관성중력파로 나눌 수 있다. 그 외에도 위도에 따른 전향력(지구 자전으로 인해 지구 내부에서 회전을 느끼게 만드는 가상의 힘)의 차이가 중요하게 작용하는 행성 로스비파, 해저 지형과 수심이 중요하게 작용하는 지형 로스비파, 해안선을 경계로 하여 해안선에 나란한 방향으로 전파하는 켈빈파 등 매우 다양한 종류의 웨이브가 바다 안에 혼재한다.

사람 사는 세상도 다르지 않다. 사람도 각자 독특한 자신만의 파장으로 웨이브를 가진다고 할 때, 서로 파장이 잘 맞는 상대를 만나면 이야기도 잘 통하고 의기투합할 수 있는 반면, 파장이 잘 맞지 않으면 골이 깊어지며 점점 거친 파도와 같은 사이가 되기도 한다. 나와 잘 맞는, 혹은 잘 맞지 않는 사람을 만날 때마다 나는 나와 상대의 파장을 그려본다. 사람과 사람 사이에 주파수가 맞지 않는다는 말이 정말 사실일지도 모른다는 조금 비과학적인 이야기를 함께 떠올리면서.

주기와 파장이 다른 수많은 웨이브가 촘촘하게 얽히고설킨 공간으로 표현할 수 있는 것은 바다만이 아니다. 만물을 주기와 파장이 다른 수많은 웨이브의 합으로 표현할 수 있다는 생각은 수학자들과 물리학자들에 의해 이미 오래전 정립된 개념이다. 주가를 포함하여 물가, 환율, 금리 등 각종 금융 지표도 마찬가지이고, 세상 모든 것들은 오르는 때가 있으면 내리는 때가 있기 마련이다. 오르내림의 시간 규모(주기)는 매우 다양하며, 깊거나 얕은 굴곡(진폭)도 천차만별이다. 웨이브는 우리의 삶과 연결되어 있기도 하다. 우리의 인생에도 늘 굴곡이 있기 마련이고, 때로는 승승장구하기도 때로는 깊은 좌절을 맛보기도 한다. 누구나 가끔씩은 흔들리는 변화를 겪으면서 성장하는 것이며, 주기적으로 찾아오는 슬럼프를 극복하며 앞으로 나아가는 것이니, 웨이브는 어디에나 존재하는 것이며, 세상에 웨이브가 아닌 것은 없다고도 할 수 있을 것이다.

나는 내 일상을 웨이브로 그려보곤 한다. 아침에 일어나서 밑바닥까지 가라앉은 에너지를 모닝커피와 함께 서서히 끌어올려 점심시간 무렵에는 에너지가 중턱까지 올라온다. 오후 일과를 보내는 중에는 강의, 회의, 또는 그 외의 여러 형태로 에너지를 표출한다. 이때가 내 하루 웨이브의 마루이다. 일과를 마칠 즈음부터 퇴근 무렵까지는 에너지가 점점 떨어지고 있음을 느낀다. 밤에도 에너지를 쏟아야 하는 작업이 아예 없는 것은 아니지만 일과 시간에 보였던 것과 같은 열정적 에너지를 쏟긴 어렵다. 결국 웨이브의 바닥에 이르면 잠이 들고, 자는 동안 서서히 회복하여 24시간 주기의 웨이브를 완성하는 듯하다.

더 긴 주기의 인생 웨이브도 생각해 볼 수 있다. 해양과학자로서의 인생 웨이브를 생각해 보면, 출생 이후 10대까지의 기간은 내 스스로를 찾아가기보다는 주어진 현실에 순응하며 따라가기에 바쁜 시기였다. 웨이브의 하강 국면처럼 느껴진다. 20대와 30대는 진로를 결정 후 열심히 매진하며 달리며 성장할 수 있었던 상승 국면이었던 듯하다. 40대와 50대를 거치며 현재 정점을 걷고 있는 느낌이라면 60대 이후에는 다시 서서히 하강할 것 같다. 물론 인생 웨이브는 해양과학자로서의 웨이브만 있는 것이 아니니까 아마 친구, 남편, 아버지로서의 인생 웨이브는 해양과학자로서의 웨이브와 다른 주기와 파장을 보일 것이다. 바라는 것은 모든 웨이브가 부디 오래도록 서서히 상승하여 긴 호흡으로 최대한 늦게 하강하는 것이다.

대자연의 관찰자

지구를 구성하고 있는 대기, 육지, 바다 중에 바다만을 연구하고 있지만, 자연환경을 연구하다 보면 어떤 순간의 현상이 아니라 지구 환경의 과거, 현재 그리고 미래를 지켜보고 있다는 느낌이 든다.

대학원생 시절 발표했던 논문들 중 2003년 9월 태풍 매미가 한반도를 통과했을 때 동해 연안 해역에서 나타났던 환경 변화에 관한 연구 결과를 수록한 것이 있다. 이 연구는 태풍이 오기 전에 미리 동해 연안에 설치해 둔 관측 장비에 태풍 통과 전후로 기록된 데이터를 처리, 분석하고 그 결과를 해석하기 위해 유체역학 이론을 적용한 것이었다. 당시 태풍 매미는 남해안에 상륙하여 동해안을 지나 동해로 빠져나갔는데, 우리가 동해 연안 해역에 설치해 둔 관측 장비에 매우 가까운 경로로 중심지가 움직였다. 우리는 데이터를 통해 태풍이 접근하는 과정에서 기압이 감소하고 풍속이 증가하며 파고가 높아졌다가, 태풍이 멀어지는 과정에서는 반대로 기압이 증가하고 풍속이 감소하며 파고가 낮아지는 뚜렷한 변화를 확인할 수 있었다. 그보다 더 놀라운 것은 해양 내부에서 태풍 접근 이후 10시간 동안 상층 유속이 증가하며 남향류가 강화되었다는 점과 수온이 높고 염분이 낮은 상층 해수의 두께가 20미터에서 40미터로 2배나 두꺼워졌다는 점이었다. 왜 이런 변화가 발생했을지 고심하다가 유체역학 이론을 적용해서 2개의 층으로 된 단순화된 연안 해양을 고려해서 방정식을 풀어 보았다. 그 결과, 태풍 매미에 의해 변화된 연안 해양 환경의 핵심적인 관측 결과를 믿기 어려울 정도로 잘 설명할 수 있었다.

이후 시간이 흘러 교수가 되어 소속 연구실의 대학원 학생들을 지도하던 2018년 9월, 태풍 솔릭이 동중국해 북부 해역의 환경을 크게 변화시킨 과정을 조사했다. 이어도 해양과학기지에서 측정된 데이터를 통해 기압, 풍속, 파고 등의 해양 기상과 수중의 수심별 수온과 염분이 어떻게 변화

했는지 파악했다. 지금은 다른 대학의 교수가 되었지만, 당시 우리 연구팀에서 대학원생 연구원으로 박사 학위 논문을 준비하고 있던 P군은 이 데이터를 주도적으로 분석하며 해양 환경 변화가 천천히 움직이던 태풍 솔릭에 어떤 영향을 주었을지를 해양–대기 열 교환 관점에서 조사했다. 측정된 데이터를 분석한 결과, 우리는 태풍이 동반하는 강풍에 의해 바닷물이 수직으로 잘 혼합되어 해수면 수온이 매우 낮아졌고, 때문에 태풍으로의 에너지 공급이 급감하면서 태풍 솔릭을 급격히 약화시켰다는 점을 유체열역학 이론으로 완벽하게 설명할 수 있었다. 당시 태풍 솔릭은 2003년 매미와 같이 역대급 태풍으로 몸집을 키우며 한반도로 접근 중이었다. 태풍 솔릭이 한반도에 상륙하면 큰 피해를 입을 것으로 예상되어 전국 1,500개 학교에 휴교령이 내려지는 등 혼란이 있었으나 실제 남해안에 상륙했을 때는 그리 강한 태풍이 아니어서 기상청의 과대 예보 문제가 도마에 오르고 사회적으로 논란이 되었다. 비록 태풍 솔릭이 지나간 이후였지만, 우리 연구팀의 연구를 통해 해양–대기 사이의 열 교환으로 태풍이 급격히 약화될 수도, 반대로 급격히 강화될 수도 있음을 밝혀낼 수 있어서 큰 보람을 느꼈다.

몇 해 전 태풍 힌남노가 부산 앞바다를 스치듯이 지나간 직후에도 우리 연구팀은 이어도 해양과학기지와 동해 연안에 설치한 장비에서 태풍 통과 전후 기간 동안 연속 측정된 데이터를 분석하느라 분주했다. 측정된 데이터 분석을 통해 태풍 힌남노 통과 전까지 비정상적으로 높았던 바다 표면의 해수면 온도가 태풍 통과 중 급격히 감소하면서 동중국해의 바다 폭염이 사라졌고, 반대로 정상적인 범위에 있었던 동해안의 해수면 온도는 태풍 통과 일주일 후부터 급격히 상승하면서 바다 폭염을 다시 발생시키는 과정에 바닷속 내부의 파동 특성이 오묘하게 변화했다는 점을 최초로 발견했다. 이 사실에 우리는 기쁨을 감추지 않을 수 없었다. 태풍은 물론, 허리케인이나 사이클론이나 그 어디에서도 이와 같은 현상이 보고된 적은 없었기 때문이었다.

태풍은 과거에도 존재했고, 지금도 생겼다가 소멸하기를 반복하며, 미래에도 역시 그럴 것이다. 긴 지구 역사에서 내가 태풍을 관찰한 시기는 20년뿐이지만, 그 덕분에 나는 과거에 생겼고 미래에도 생길 태풍이 어떻게 바다와 상호 작용하는지 그 과정을 감히 그려볼 수 있게 되었다. 바다가 항상 순환하는 것처럼 지구 생태계도 멈춰 있는 것이 아니라 인간이 알 수 없는 어떤 법칙 속에서 생생하게 살아 움직이고 있는 것이다.

태풍 매미 연구를 시작한 때로부터 20년이나 지났지만 아직도 태풍과 바다가 주고받으며 만들어 내는 변화무쌍한 환경 변화에 대해서는 궁금한 점들이 너무나 많다. 남은 인생에 그저 그중 조금이라도 더 밝혀낼 수 있다면 좋겠다는 마음이다. 그동안 인류가 알지 못했던 새로운 과학적 사실의 발견을 통해 환희와 경이로움을 느낄 수 있어 감사하다. 이 마음은 20년 전이나 지금이나, 아마 앞으로도 계속 변함이 없을 듯하다.

바다와의 시간 싸움

2009년 대서양 심해 연구를 위해 미국 해양 기상청 연구선 론 브라운호를 탔을 때의 일이다. 미국 동부의 찰스턴항에서 출항하여 열대 대서양 중앙부까지 이동한 다음 그곳에 설치되어 있는 관측 장비를 회수 및 재계류한 후, 다시 아메리카 대륙의 카리브해 바베이도스항에 입항하는 일정이었다. 배로 열대 대서양 중앙부까지 이동하려면 일주일이 넘게 걸린다. 연구선이 얼마나 속도를 낼 수 있는지도 중요하지만 해상풍과 해류에 의해 연구선이 얼마나 밀리는지의 여부도 소요 시간을 결정짓는 중요한 요인이다.

　당시 우리의 임무는 1년 반 전에 열대 대서양 중앙부 심해에 설치한 장비들을 모두 회수해 측정 센서에 기록된 모든 데이터를 다운로드하고, 배터리 등의 소모성 부품을 교체한 다음, 동일한 위치에 새 측정 장비들을 설치하고 복귀하는 것이었다. 이를 위해 연구팀은 그 해역에서 이틀, 즉 48시간의 작업 계획을 세워 두었다. 그러나 찰스턴항에서 연구 해역까지 오는 과정에서 기상 악화 등 우여곡절을 겪은 나머지, 도착 예정 시간보다 하루가 지연되었다. 연구 해역에서 작업을 마치고 바베이도스항으로 출발해야만 하는 시점은 상수였기 때문에 당초 계획보다 24시간이나 줄어든 24시간 만에 모든 작업을 마쳐야 했다. 연구팀이 교대로 잠을 자며 연속으로 작업해도 24시간 만에 계획된 모든 작업을 마치는 것은 도저히 불가능해 보였다. 그렇다고 장비를 회수하는 작업이나 새로 설치하는 작업 중 어느 한쪽도 포기할 수 없었다. 작업 시간을 줄이는 것도 여의치 않은 상황이라 매우 곤란했다. 대형 연구선을 동원하여 수십 명의 승조원들과 함께 대서양 한복판까지 다시 찾아올 기회를 얻기는 쉬운 일이 아니었고, 이번에 장비를 모두 회수하지 못하면 배터리 문제로 1~2년 후에는 아예 회수가 불가능해지는 상황이었다.

연구선을 사용하려는 연구팀들은 항상 줄을 서있기 때문

에 관련 위원회에서는 어느 연구팀이 어느 해역에서 언제 연구선을 사용할지 미리 조율한다. 그렇기 때문에 우리 연구팀의 조사 일정이 늦어진다고 해서 연구선 사용 기간을 마음대로 늘이거나 줄일 수는 없었다. 결국 우리는 주어진 24시간을 최대한 활용하는 동시에 연구 해역에서 작업을 마치고 바베이도스로 출발하는 시점을 최대한 늦출 수 있도록 선장 및 승조원들을 설득하기로 했다.

우선 당시 연구선 내 운항과 관련된 정보를 모두 모았다. 기상 예보와 해류 등을 바탕으로 바베이도스항 복귀 시 예상 선속이 거의 2배 가까이 커질 수 있다는 점을 근거로 사람들을 설득했고, 최종적으로 연구 해역의 작업 종료 시점을 12시간 늦추는 것에 합의했다. 이제 우리에게는 36시간이 주어졌다. 비록 당초 계획보다는 12시간이나 줄어들었지만 그 정도면 해볼 만하다고 생각했다. 당시 상황을 스크립스 해양 연구소에 있는 연구 책임자에게도 알렸는데, 연구소 내에서도 우리 연구팀을 응원하며, 최대한 많은 관측 장비를 회수하고 가능한 많은 장비를 설치하기 위해 노력하되 너무 무리하지 말고, 정 시간이 부족하면 우선순위가 낮은 장비부터 하나씩 포기하라고 했다. 그러나 어느 장비 하나라도 포기하고 싶지 않았던 나는 무리수를 두더라도 주어진 시간 내에 모든 장비를 회수하고, 각 단계의 작업마다 좀 더 효율적인 방법을 찾아내서 꼭 온전하게 임무를 성공시키고 싶었다. 장비를 포기하면 최근 1~2년 동안 차곡차곡 기록된 데이터를 다시는 얻을 수 없기 때문이었다.

승선 조사에 참여한 연구팀을 나누어 3교대로 작업했지만 나는 교대 없이 계속 깨어 있으면서 정신력으로 버티기로 했다. 작업 효율을 높이기 위해서는 한 사람도 아쉬운데, 책임자로서 당연히 내가 더 일해야 한다고 생각했다. 연구팀 모두가 혼연일체가 되어 하나의 목표를 위해 밤낮으로 일하고, 승조원들의 협조도 완벽했던 덕분에 작업은 순조롭게 진행되었다.

한 단계 한 단계마다 나는 절절한 마음으로 단 한 번의 실수나 헛손질 또는 노트북의 버퍼링조차 없기를 간절히 바랐다. 관측 장비를 회수하기 위해 계류선의 로프와 와이어를 감을 때에도 선이 꼬이지 않도록 집중하며 가능한 최대 속도로 작업했고, 회수한 수십 개의 관측 장비로부터 데이터를 다운로드할 때에도 최대한 동시에 진행했다. 결국 우리는 주어진 36시간 만에 모든 작업을 마칠 수 있었다. 이 소식을 연구소에 전했더니, 이미 우리는 복귀하면 영웅이라는 회신을 받았다.

돌이켜보면 당시 그렇게 무리해서라도 관측 데이터의 손실을 최소화하고 온전하게 모든 관측 장비를 회수 및 재계류하려고 한 것은 연구 책임자와 연구팀 등 주변 사람들에게 인정을 받기 위한 것일 수도 있고, 개인적인 연구 욕심 때문일 수도 있다. 그러나 그보다는 열대 대서양 한가운데에 찾아와 탐사를 할 기회가 지극히 제한되며, 기록을 한 번 놓치면 시공간을 뛰어넘는 신이 아닌 이상 영원히 그 당시의 환경을 관측할 수 없게 된다는 생각이 더 컸다.

한참 지난 일이지만 돌이켜볼 때마다 대단히 뿌듯함을 느낀다. 그 이유는 어렵게 수집한 데이터가 지금까지 여러 과학 연구에 활용되고 있으며 앞으로도 계속 활용될 것이기 때문이다. 이 일로 아무리 불가능해 보이던 일도 머리를 맞대고 지혜를 모아 최선의 방법을 찾아낸 뒤, 하나의 목표를 향해 여러 사람이 혼연일체가 되어 힘을 다하면 충분히 해결할 수 있다는 것을 알게 되었다. 이때의 데이터가 지금까지 쓰이는 것처럼, 나는 인생에서 크고 작은 난관에 부딪힐 때마다 종종 이 사건을 떠올리곤 한다.

남극

이글이글 타오르는 열대 바다와 반대로 극한의 추위와 싸워야 하는 남극 바다를 탐사하기 위해서는 쇄빙 연구선을 타야 한다. 현재 우리나라에서 운용 중인 쇄빙 연구선은 아라온호 한 척뿐이다. 몇 년 내에 또 한 척의 쇄빙 연구선을 운용할 예정이리고 한다. 제2 쇄빙선이 진수되면 북빙양과 남극 연안 등의 결빙 해역 탐사가 더욱 활발히 이루어질 것으로 기대된다.

지금도 관련 프로젝트에 참여하면서 2년마다 남극 연안 탐사를 위해 연구팀을 꾸리지만, 몇 해 전에는 직접 서남극 스웨이츠(Thwaites) 빙붕 인근 해역 탐사에 직접 참여할 기회를 얻었다. 2019년 12월 25일 크리스마스 당일에 인천 공항에서 출국하여 뉴질랜드 남섬의 리틀턴항으로 이동했다. 거기에서 아라온호를 타고 출항했다가, 남빙양을 건너 남극 연안에서 탐사를 마친 후 다시 리틀턴항에 복귀하여 2020년 2월 29일에 인천공항으로 입국하였다. 2개월의 시간 동안 온전히 남극 탐사를 경험한 것이다. 수십 차례 승선 조사에 참여했지만 결빙 해역에서 두 달을 보낸 건 그때가 처음이었다.

서남극 탐사를 가기 전 뉴질랜드 리틀턴항 부근에 머물던 당시에는 코로나19 바이러스가 뭔지도 몰랐다. 우리 연구팀이 서남극 탐사를 마치고 돌아오려고 하는 즈음에 코로나19 바이러스가 확산하고 있다는 뉴스가 퍼지기 시작했다. 탐사를 마치고 아라온호가 리틀턴항에 입항한 뒤 인천행 비행기에 탑승하기 전까지 그곳에 머무는 동안 현지인들이 우리를 보는 눈이 예사롭지 않음을 느꼈다. 식당에 가도 우리 일행을 힐끔힐끔 쳐다보는 사람들이 있었을 정도였다. 동양인에 대한 경계심이 잔뜩 고조되던 시기였기 때문에 그들의 눈빛을 이해할 수는 있었다. 청정 남극에서만 2개월을 보내고 온 우리 중 누구도 당연히 바이러스에 감염되었을 리가 없었지만, 아라온호의 다음 항차에 승선하기 위해서는 뉴질랜드로 온 연구팀이 전해준 마스크를 공항에서부터 착용해야만 했다.

서남극 스웨이츠 빙하는 국제적으로 '운명의 날 빙하 (Doomsday Glacier)'라는 별명이 붙어 있다. 스웨이츠 빙하는 현재 매우 빠른 속도로 녹고 있는데, 바닷물의 유입으로 빙하의 아랫부분이 먼저 녹고 있기 때문에 불안정한 구조로 인해 어느 날 갑자기 붕괴될 수도 있다는 우려가 제기되었다. 스웨이츠 빙하가 갑자기 붕괴되면 전 세계 해수면이 수십 센티미터 급상승하는 것도 문제지만 더 큰 문제는 스웨이츠 빙하보다 안쪽에 있는 빙하가 스웨이츠 빙하가 무너진 곳을 통해 흘러나와 바다로 유입되면서 연쇄 반응을 가져올 수 있다는 것이다. 스웨이츠 빙하는 남극 전체 빙상이 바다로 흘러나오는 길목을 막아주고 있는데, 이 빙하가 무너지면 마치 와인병의 코르크 마개가 뽑힌 것처럼 안쪽의 빙하가 흘러나와 해수면이 수 미터씩 급상승하여 인류에게 공멸에 가까운 피해를 줄 수도 있다는 이유로 그런 별칭을 얻었다. 국제 연구팀이 스웨이츠 빙하에 주목하고 모니터링을 강화하기 위해 현장 탐사를 지속하는 이유다.

스웨이츠 빙하가 위치한 남극 연안으로 접근하려면 우선 매우 거친 바다로 알려진 남빙양을 건너야만 한다. 뉴질랜드와 남극 대륙 사이에 존재하는 거대한 남빙양을 건너는 동안에는 쇄빙 연구선이 심하게 요동친다. 항해를 하는 동안 모두가 '나는 누구?', '여긴 어디?', '이러다가 정말 세상과 이별하는 것은 아닐까?' 등의 온갖 생각을 여러 번 할 정도로 힘든 항해가 이어진다. 그러다 남빙양을 건너 남극 연안에 도착하면 다시 언제 그랬냐는 듯 평온한 바다가 며칠씩 지속되었다. 물론 연안 바다에 있어도 며칠 날씨가 좋으면 그다음 며칠 동안은 눈보라가 휘날리며 강풍이 부는 거친 바다가 이어지기를 반복했다.

그래도 해양팀은 쇄빙선 내에 머물며 따뜻한 음식을 먹고 침대에서 편히 잠들 수 있지만, 빙하팀은 남극 연안에서 헬리콥터를 타고 빙하 위로 이동하여 캠프를 구축한 후 2주 정도 그곳에서 머물며 고된 탐사를 해야 한다. 그들은 빙하 위에서 크레바스를 피해 조심스레 이동하며 탐사 활동을 이어가고, 가끔 블리자드를 맞으면 꼼짝 못하고 숨죽이며 기상이 회복되기만을 기다려야 한다. 언제 발아래가 갈라져 저 깊고 어두운 아래로 빠질지 모르는 새하얀 빙하 위를 걷는 한 무리의 사람들은 무엇을 위해 그 모든 위험을 감수하는 것일까? 인간의 앎에 대한 열망은 얼마나 강한 것일까? 우리는 왜 계속 모르는 것들에 도전하는 것일까?

이러한 질문을 뒤로하고 낭만과 여유는 열대 바다 위에서만 즐길 수 있는 것이 아니다. 빙하팀은 종종 드론을 날려 빙하와 펭귄 등의 사진을 더 가까이에서 찍기도 했고 현실인지 비현실인지 구분이 어려울 정도의 풍경들을 찍기도 했다.

나는 평소 격언을 좋아해서 종종 옛 성현, 성인들의 격언이나 유명인의 어록을 찾아보곤 하는데, 문득 혼자만 보기는 아깝다는 생각이 들었다. 쇄빙 연구선 갑판에서 관측 장비를 해저면 부근까지 내렸다가 다시 끌어올려 기록된 데이터를 수집하는 관측 장비가 있는데, 정점이라고 부르는 위치마다 이 장비를 내리고 올리기를 반복했다. 나는 각 정점에 도착할 때마다 종이에 격언을 하나씩 적어 연구실 벽에 붙였다. 처음 10개, 20개, 30개 정점에서 작업할 동안에는 평소 잘 알던 문장을 적어서 벽에 붙였는데, 정점 수가 많아지자 이미 알고 있는 것만으로는 부족했다. 명언 앱의 도움을 받아 정점에 도착할 때마다 연구실 벽에 새로운 격언 붙이기를 계속했다. 벽에 자리가 부족하여 나중에는 천장에도 붙였다. 도달한 정점이 70개, 80개 넘어가니 연구실 사방이 격언 문구들로 가득했다. 각 격언마다 나름 인생의 지혜를 담고 있어 곱씹어 보며 철학적 사색에 빠지는 것이 스스로 즐겁기도 했고, 함께 승선한 학생 연구원들의 미래에 조

아라온 남극 크루즈 조사에 참여했던 연구원들과 빙하를 배경으로 한 단체사진.

금이라도 도움이 되지 않을까 생각하기도 했다. 돌이켜보면 힘들고 어려운 남극 연안 조사가 무사히 끝나기를 바라는 의식이나 바람이었던 것도 같다.

지금도 매주 연구실에서 학생 연구원들과 회의를 하고 나면 늘 오늘의 격언으로 회의를 마치고 연구실 홈페이지에도 해당 격언을 남기곤 한다. 남극에서와 비슷한 마음으로.

갈 수 없는 바다

그동안 우리나라 연해와 서태평양, 동태평양, 대서양, 인도양, 남빙양을 건너 남극 연안의 아문센해까지 여러 바다에서 탐사할 기회를 얻었지만, 접근해 볼 수 없었던 바다도 여전히 많이 남아 있다. 북빙양이 대표적이다. 주변 사람들에게 "제가 남(南)성현이지 북(北)성현이 아니라 북빙양까지는 가지 않았어요"라고 농담처럼 이야기했는데, 사실 아직 기회를 얻지 못했을 뿐, 언젠가는 북빙양 탐사와 연구에도 열정을 쏟으려는 생각을 오래전부터 하고 있고, 이 생각은 지금도 변함이 없다. 아니 오히려 예전보다 더 강해졌다.

한국도 극지연구소를 중심으로 오래전부터 북빙양 연구

를 수행하고 있다. 매년 북반구의 여름철이 되면 아라온호가 베링해(Bering Sea)부터, 축치해(Chukchi Sea), 보퍼트해(Beaufort Sea), 동시베리아해(East Siberian Sea)까지 탐사하는 북극 항차를 다녀온다. 앞으로도 국내 연구진이 북극해 탐사를 멈추는 일은 없을 것이며, 그래야만 한다고 생각한다. 특히 제2쇄빙연구선이 활동을 시작할 몇 년 후부터는 더 많은 북빙양 탐사 기회가 열릴 것으로 기대한다.

남빙양과 북빙양은 남극해와 북극해 같이 '해(海, sea)'라고도 불리지만 사실 그보다 큰 '양(洋, ocean)'에 해당한다. (연구자들마다 남빙양과 북빙양을 '양'으로 볼 것이지, '해'로 볼 것인지 견해 차이가 있긴 하다.) 즉, 태평양, 인도양, 대서양, 남빙양과 함께 5대양 중 하나에 해당하는 드넓은 대양이라는 의미다. 다만, 5대양 중 가장 면적이 작을 뿐만 아니라 고위도의 특성상 태양 복사 에너지 유입이 지구 복사 에너지 유출보다 적어 기온이 가장 낮고, 그나마도 해빙이 바다의 대부분을 뒤덮고 있어 연구선 진출이 허락된 바다 면적도 다른 대양에 비해 월등히 작다.

그런데 북빙양의 많은 부분을 뒤덮고 있던 해빙은 지구온난화와 함께 빠르게 녹아 사라지는 중이다. 북빙양 해빙 소실로 나타나고 있는 가장 크고 중요한 변화라고 하면 단연

코 북극항로의 개척을 꼽을 수 있을 것이다. 기존 수에즈 운하를 통과하는 항로나 이를 우회하여 아프리카 희망봉을 거치는 항로에 비해 북극항로는 수천 킬로미터 이상 거리가 짧아지므로 물류비용을 크게 줄일 수 있어, 전 세계 무역과 산업, 그리고 외교와 지정학적으로도 매우 중요한 이슈가 되었다. 최근 그린란드를 둘러싼 논란 등 미·중·러의 정치, 경제, 군사 정책이 모두 북극항로를 중심으로 돌아간다 해도 과언이 아닐 정도다. 북극해로의 진출은 과학적 의미 이상의 가치를 지닌다.

특히, 과거 해빙으로 대부분 막혀 있다가 최근 해빙 소실로 선박 통과가 가능해지고 있는 러시아 연안으로 선박 이동이 크게 증가할 것으로 전망되는 만큼 동시베리아해는 물론 러시아 외양에 위치한 랍테프해(Laptev Sea), 카라해(Kara Sea), 바렌츠해(Barents Sea)까지 과학 조사의 범위를 넓힐 필요가 있을 것이다. 한국은 북극 이슈를 논의하는 정부 간 협의 기구인 북극이사회(Arctic Council) 회원국이 아니지만(북극권에 영토가 있는 국가에만 회원국 자격을 부여), 다행히 2013년에 영구 옵서버(observer) 자격을 얻어 북극 이사회에 초청받는 12개국 중 하나가 되었다. 2014년부터는 북극이사회 회원국인 노르웨이 극지연구소와 한국 극지연구소 사이에 극지연구 협력센터를 개소하여 극지과학 분야의 공동연구를 발굴하는 등 북극 연구를 위한 활동을 꾸준히 강화하고 있다.

대항해시대 스페인과 포르투갈을 시작으로 서구 열강들이 식민지를 건설하며 부를 축적한 배경에도 항로의 개척이 있었다. 오늘날 세계 질서와 지정학에 석유 수송로 같은 안전 항로가 중요한 요소라는 사실을 생각해 보면 북극항로의 개척은 세계사적 변곡점이라 보지 않을 수 없다. 우리나라가 세계적인 교역과 물류 중심지를 만들고, 러시아, 노르웨이 등과의 전략적 협력을 통해 북극항로 개척을 주도하며 새로운 도약의 기회로 삼을 수 있도록 모두가 관심 있게 지켜봐야 한다. 기초 연구는 기술과 정책을 수립하는 데에 밑바탕이 되기 때문에 북극항로를 개척하며 북빙양의 과학 탐사를 강화한다면 더 많은 기회가 생기지 않을까 기대해 본다.

북극처럼 해빙으로 막혀 있는 것도 아닌데 갈 수 없는 바다가 있다. 바로 북한 앞바다이다. 과거 남북 관계가 좋았을 시절에는 경제협력 차원에서 국내 연구선이 북한 수역에 접근한 적도 있었다. 북한이 자체적으로 과학 조사 활동을 펼친다면 북한 앞바다의 탐사와 관측 데이터 수집이 아예 불가능한 것은 아니다. 그러나 지난 수십 년 동안 국제 해양과학계에서 북한 과학자의 활동을 찾아보기 어려웠고, 현재 북한 상황을 고려할 때 앞으로도 당분간은 북한의 자체 해양과학 조사를 기대할 수 없을 것 같다. 오히려 이동형 첨단 무인 해양관측 장비 중 우연히 해류를 타고 북한 수역으로 흘러간 장비로부터 수집된 데이터를 활용한 국내 학자들의 연구가 보다 현실적이다. 현재로서는 북한 수역의 탐사와 현장 관측이 불가능해 보이지만, 국제 정세가 급변하는 과정에서 어쩌면 머지않아 이 해역에서도 활발한 해양관측 연구가 이루어지게 될지 모른다.

바다의 계절이 변하고 있다

사람들은 땅에 살지 바다에 살지 않는다. 그래서 바다를 낯설고 멀게만 느끼는 경우가 많다. 인간을 비롯해 많은 육지 생물이 땅 위에 존재하는 이유는 해양 환경이 그들의 생존에 더 적합하기 때문이다. 그러나 해양 환경보다 육지 환경이 적응해서 잘 살아가는 수많은, 육지 생물보다 더 많지만 아직 인간이 만나보지 못한 해양 생물들이 존재한다. 해양 생태계가 육지 생태계와 구별되는 이유는 해양 환경이 육지 환경과 너무나도 다르기 때문이다.

　일단, 공기로 채워진 땅 위와 달리 해양은 물(해수)로 채워져 있다. 이 사실만으로도 육지 생물과 바다 생물 사이에 큰 차이가 생긴다. 육지에서 가장 큰 동물은 모길이 약 7.5미터에 최대 몸무게 6톤인 코끼리이다. 바다에서 가장 큰 동물은 대왕고래로, 몸길이 최대 31미터, 몸무게는 180톤에 달한다. 바다 생물들이 육지 생물들보다 더 크게 진화할 수 있었던 이유는 물의 밀도가 공기보다 수백 배 이상 커서 몸집이 크고 무거워도 육지보다 비중이 낮아져 생존할 수 있었기 때문이다.

또, 물은 공기보다 비열도 훨씬 크기 때문에 쉽게 데워지거나 식혀지지 않는다. 온도 변화가 공기에 비해 적어서(바닷물의 수온 변화보다 대기의 기온 변화가 월등히 크다) 안정적인 환경을 제공한다. 하지만 그만큼 해양 생물은 온도 변화에 민감하게 반응한다. 바닷물 수온이 섭씨 2~3도만 변해도 우세한 어종이 바뀌는 것이 그 이유다.

온도 변화에 민감한 해양 생물들은 종마다 잘 서식할 수 있는 적합한 환경을 찾아 멀리 이동하거나 그렇지 않으면 변화하는 환경에 적응해야 한다. 해양 생물이 바닷물 수온과 같은 환경 변화에 얼마나 민감하게 반응하는지는 굳이 연구 데이터를 분석하지 않아도 충분히 알 수 있다. 바닷물 수온이 1도 바뀌는 것은 공기 중 기온 1도 바뀌는 것과는 차원이 다른 변화다. 뉴스에도 많이 등장하지만 해안가에서 활동하는 연구자, 어촌민들의 이야기를 들어보면 우리나라 주변 연안 바닷속 환경이 상전벽해처럼 완전히 바뀌었다고 한다. 우리나라 주변 바닷물은 전 세계적으로도 가장 빠르게 수온이 오르고 있다. 동해안 명태가 사라져서 현상금을 걸었다는 이야기, 오징어가 잘 안 잡힌다는 이야기, 백화현상으로 바닷속 생태계가 완전히 자취를 감추었다는 이야기 등은 모두 기후위기로 변해 가는 우리나라 주변 바닷속 환경을 말해 준다.

바다에도 계절이 있다. 매년 규칙적으로 반복되는 계절 변화 역시 바다에서 잘 볼 수 있다. 특히 고위도에 위치한 남극 대륙 연안은 빙하가 뒤덮인 겨울에 접근할 수 있는 영역이 지극히 제한되기 때문에 남반구의 여름철인 12월부터 3월까지 탐사가 이루어진다. 남반구의 겨울철, 즉 북반구의 여름철에는 아라온호가 남극 항차 대신 북극 항차에 주력하는 것도 이처럼 뚜렷한 계절의 변화라는 특성 때문이다.

서남극 연안의 아문센해 동부에 위치한 연구 해역에 접근하기 위해 연구팀은 2년마다 아라온호 탐사를 반복하고 있지만, 여름철이라고 해도 항상 연구 해역에 접근할 수는 없었다. 어떤 해에는 빙하에 막혀 아예 연구 해역으로 진입이 불가능했다. 쇄빙 연구선도 너무 두껍고 거대한 빙하를 뚫고 진입할 수는 없다. 그로 인해 2년 전에 설치해 둔 관측 장비를 회수하지 못하고, 그다음 2년이 더 지난 4년 만에 관측 장비를 회수할 수 있었다. 예상보다 오래 방치되어 장치의 배터리 문제로 회수를 못하지 않을까 걱정했는데, 다행히 잘 회수하여 4년 동안 기록된 데이터를 수집했던 좋은 기억도 남아 있다.

오랜 기간 승선 조사 활동을 해 왔으니 혹시 기후위기를 직접 느낀 일은 없는지 물어보는 사람들이 있다. 그런데 기후변화로 나타나는 해양 환경의 변화나 그로 인한 기후 영향 등은 전 지구적 규모로 발생한다. 그렇기 때문에 특정 해역에서 찰나의 기간 동안 탐사하는 승선 조사 과정에서 기후 변화를 느끼기는 어렵다. 수집된 관측 데이터를 종합하여 오랜 기간 넓은 해역에 걸쳐 '평균'을 취하여 기후와 관련된 해양환경 변화를 연구하기 때문이다.

2024년 5월에 인도양 내 특정 해역의 수심 1,000미터의 수온이 섭씨 6.1도인 것을 측정했다고 해서 그 사실만으로 기후변화로 인한 인도양 심해 온난화를 주장할 수는 없는 노릇이다. 장기간의 평균 상태를 의미하는 기후가 변화하고 이와 관련된 해양 환경의 변화가 동반되었음을 보이려면,

1954년, 1964년, 1974년, …, 2004년, 2014년 각각 5월에 동일 해역의 동일 수심 1,000미터에서 수온이 얼마였는지 서로 비교해야 한다. 만약 과거 수십 년 동안 섭씨 6.0도로 유지되었던 수온이 2004년, 2014년, 2024년에만 섭씨 6.1도로 높아졌다면 그제야 비로소 지난 수십 년 동안 인도양 심해 바닷물의 수온이 0.1도 상승했음을 주장할 수 있을 것이다. 더 나아가 심해 수온 상승률까지 제시하려면 0.1도의 분해능으로 충분하지 않고, 0.01도의 분해능으로 수온을 측정해야 한다. 만약 1954년부터 2024년까지 10년마다 섭씨 6.02, 6.04, 6.06, …, 6.12, 6.14도로 10년마다 0.02도씩 높아졌음을 확인할 수 있다면, 연간 0.002도의 수온 상승률도 제시 할 수 있다.

그렇지만 최근 종종 폭염, 폭설, 폭우, 가뭄, 한파 등 전례 없는 수준의 극단적인 기상 변화를 우리가 목격한 것처럼 승선 조사 활동 중에 극심한 해양 환경 변화를 느낄 때도 있다. 장기간에 걸쳐 서서히 변화하는 기후변화 외에도 기후 변동성에 의한 이상기후를 경험하기 때문이다.

2022년 5~6월에 열대 서인도양 승선 조사에 참여하고, 2024년 5~6월에 동일 해역 승선 조사에 참여했다. 이

때 해상 기상 등 눈으로 보이는 물리적 환경이 극명하게 달라졌다는 걸 느꼈다. 동일 해역, 동일 계절임에도 불구하고 2022년 승선 조사 기간에 비해 2024년 승선 조사 기간에 유독 비가 더 많이 내렸다. 나는 참여하지 않았지만 2023년에도 비슷한 시기에 승선 조사가 있었는데, 그때 참여했던 승조원이나 연구원에게 물어보니 2023년도 2022년과 비슷하게 맑은 날이 오래 지속되었다고 했다. 유독 2024년 승선 조사 기간에만 수시로 많은 비가 내린 것이다. 연구팀이 수집한 해양 환경 관측 데이터를 분석해 보니 2022, 2023년과 달리 2024년에만 대류 활동이 유독 활발했음을 확인할 수 있었다. 아마 이러한 대류 활동의 변화 배경에 전반적인 해양 환경의 변화가 있을 텐데, 이에 대해서는 향후 더 심도 있는 데이터 분석을 통해 조사해 볼 수 있을 것이다.

태양 에너지로 작동하는 지구 시스템에서 바다 역시 예외는 아니다. 태양 에너지가 바다의 에너지원이기 때문이다. 태양 에너지로 엄청난 양의 에너지와 물이 이동하며 지구의 생명체가 살아갈 수 있는 환경을 만든다. 과거 인류 역사를 뒤바꾼 숨은 역할에서부터 오늘날 기후 위기로 불리는 심각한 지구 환경의 변화까지 알게 모르게 바다가 우리 인류에게 미치는 영향은 지대하다. 이러한 바다의 과학적 작동 원리를 찾고자 많은 해양과학자가 끊임없이 노전해왔고, 앞으로도 그럴 것이다.

적도 부근 열대 해역에서부터 유빙이 떠다니는 극 지방의 결빙 해역에 이르기까지, 그리고 해수면 부근 1밀리미터보다도 얇은 두께의 마이크로층(surface microlayer)에서부터 수만 미터 수심의 심해저에 이르기까지 바다 전체를 대상으로 구석구석의 환경을 측정하고 과거부터 현재, 나아가 미래 바다 환경을 예측하며 바다의 건강을 진단하는 일은 해양과학자로서 충분히 일생을 걸고 도전해 볼 만하다.

바다의 과학적 작동 원리를 찾는 것은 꼭 넓고 깊은 거대 규모의 바다만 대상으로 하는 것이 아니다. 해수면 마이크로층은 해수면 부근의 매우 얇은 층을 의미하는데, 종종 그 아래의 환경과는 전혀 다른 독특한 특성을 보여 최근 이에 대한 연구가 활발하다. 해양과 대기 사이의 담수 교환, 열 교환, 기체 교환은 모두 해수면 마이크로층을 통해 발생한다. 이 얇은 층 내에서 서식하는 다양한 플랑크톤, 박테리아, 바이러스 종과 독특한 환경 조건 사이의 상호작용을 이해하는 것은 해양과 대기 환경, 나아가 전 지구적 수문 순환과 생지화학 순환, 그리고 기후 변화를 이해하는 데에도 매우 중요하다.

　그렇다고 해수면 마이크로층과 상층 바다만을 연구하고 수천 미터 수심의 심해 환경에 대한 조사를 게을리해서는 곤란하다. 바다의 대부분을 차지하는 심해에서 어떤 특성의 바닷물이 어떻게 순환하고 있는지, 그것이 전 지구적으로 어떤 영향을 미치는지 인류가 지구의 기후 문제에 대응하려면 반드시 알아내야만 하기 때문이다.

고작 빙산의 일각을 알아내는 중입니다

지금의 해양과학은 과거 해양과학 태동기와는 비교할 수 없는 수준의 해양 관측 능력을 갖추었다. 연구선에 장착해서 운용하는 각종 첨단 측정 센서와 관측 장비뿐 아니라 다양한 형태의 무인 해양 관측 플랫폼과 센서 수천에서 수만 개가 전 세계 바다 곳곳에서 때로는 오래 웅크리고, 때로는 이리저리 떠다니며 환경 데이터를 수집 중이다. 이런 관측 장비가 수상과 수중에만 있는 것도 아니다. 각종 드론은 물론이고 수많은 인공위성에 장착된 센서로 하늘에서도 바다 표면을 수시로 들여다보고 있다.

무인 해양 관측 장비 중에는 한자리에 고정하여 시간에

따른 환경 변화를 기록하도록 고안한 장비가 있는데, 앞의 이야기에서도 자주 등장한 계류 관측 장비로 불리는 것들이다. 계류 관측 장비는 무거운 계류추를 달아 바다에 설치해두면 다른 곳으로 이동하지 않고 그 자리에 머물러 있기 때문에 1, 2년이 지난 후 이를 회수하여 그동안 기록된 수온, 염분 등의 환경 데이터를 추출하여 해당 해역의 환경 변화 특성을 파악할 수 있다. 계류추 위에는 로프와 와이어 중간에 부력이 있는 진공 글라스볼 부이를 매달아 수직으로 서 있도록 만들고, 원하는 수심마다 측정 센서를 부착한다. 계류추 바로 위에는 음향 신호를 받으면 연결 장치를 풀어주는 장치를 부착하여 회수 시 계류추만 남기고 그 윗부분을 해수면에 떠오르도록 한다.

고정된 자리에서 시간에 따른 환경 변화만 관측하는 계류 장비와 달리 이동형 무인 해양 관측 플랫폼도 다양하게 개발되었다. 그 중에는 미리 입력한 수심까지 잠수했다가 목표 수심에 도달하면 10일 동안 머물면서 목표 수심층의 해류를 따라 이동하는 장치도 있다. 이 장치는 이동한 지 10일째 되는 날 다시 해수면까지 부상하여 현재 위치를 나타내는 좌표와 부착된 센서에 기록된 환경 측정 데이터를 위성 통신으로 전송한 후 다시 목표 수심까지 잠수하기를 반

계류 장비를 내리는 모습. 전 세계 바닷속에서 이런 장비 수천, 수만 개가 열심히 일하는 중이다.

물 위로 떠오른 장비의 모습.

복한다. 이 플랫폼은 프로파일링 플로트(profiling float)라고 불리는 데, 가장 보편적으로 사용되는 플로트가 아르고(ARGO)라는 관측 프로그램 이름과 같아 아르고 플로트로도 불린다. 오늘날 전 세계 바다에는 총 4천 개가 넘는 아르고 플로트가 잠수와 부상을 반복하며 활동 중이다. 각각의 플로트들이 10일마다 환경 데이터를 전송하여 바다 속 환경을 알려 주는 덕분에 보다 쉽게 바닷속 세상을 알 수 있다.

프로파일링 플로트에서 조금 더 발전한 형태가 수중 글라이더이다. 수중 글라이더는 프로파일링 플로트에 날개를 붙인 형태인데, 고개를 숙이거나 들면서 좌우로 비틀어 자세를 제어함으로써 잠수와 부상을 반복하는 가운데 수평으로도 전진하도록 고안한 관측 플랫폼이다. 프로파일링 플로트가 한 자리에서 위아래로 움직이며 데이터를 수집한다면, 글라이더는 특정 해역 내에서 좌우로 왕복하며 잠수와 부상을 반복하며 데이터를 전송 중이다. 추진기가 달려 있지 않기 때문에 원하는 장소로 이동하며 정밀한 제어를 할 순 없지만, 추진기가 없는 만큼 큰 전력 소모를 하지 않기 때문에 수 개월에서 1년 이상의 긴 기간 동안 바다에 머물며 관측할 수 있다는 장점이 있다.

그 외에도 정해진 경로를 왕복하는 여객선에 센서를 부착해서 관측하기도 한다. 무인 관측 장비도 많이 개발되어서 무인선과 같은 선박 형태의 관측 플랫폼, 서핑 보드와 같은 플랫폼에 파력(wave power)을 이용해 추진하도록 고안한 파력 글라이더, 윈드 서핑처럼 해상풍을 이용해 추진하도록 고안한 세일드론(saildrone) 등 다양한 무인 플랫폼에 부착된 센서들로 바다 곳곳에서 데이터를 수집 중이다.

　이렇게 무인 해양 관측이 활발해지고 있으니 연구선을 타고 직접 바다에 찾아가 데이터를 수집하는 전통적인 승선 조사 활동은 앞으로 줄어들지 않겠냐고 하는 사람도 있다. 그러나 이처럼 비약적인 해양 관측 기술의 혁신과 진보에도 불구하고 아직도 드넓은 바다 곳곳의 해양 환경을 모두 모니터링하기에는 관측 자원이 턱없이 부하다. 지구상의 모든 대륙 면적의 두 배나 되는 바다를 해수면부터 수천 미터 심해까지 샅샅이 조사하려면 지금까지 해 온 것의 몇 십, 몇 백 혹은 그 이상의 관측 자원이 필요하다. 또, 센서로 하지 못하는 정밀한 화학 분석도 많기 때문에 무인 관측으로 바닷물의 모든 특성을 알아내는 것은 불가능하다. 수많은 해양 로봇이 활동하는 무인 해양 관측 시대에도 여전히 유인 승선 조사 관측 활동이 지속되어야 하는 이유다.

해양과학 학술 대회에 참석해서 가장 최신의 연구 결과들을 살펴보다 보면 인류의 해양과학 지식이 과거와는 비교할 수 없을 정도로 발전했음을 새삼 깨닫곤 한다. 적도 바다에서부터 극지 바다, 연안에서부터 대양, 해수면에서부터 깊은 심해저에 이르기까지 구석구석에서 보이지 않을 만큼 미시적이거나 너무 광활해서 한 눈에 볼 수 없는 거시적 현상이 동시에 작용하고 있는 곳이 바다이다. 수 초에서 수 분의 매우 짧은 시간 동안 빠르게 변화하는 현상에서부터 수십만에서 수백만 년까지 매우 긴 시간 규모로 서서히 나타나는 현상까지 매우 다양한 모습과 방향으로 바다는 끊임없이 변화하고 있다.

그럼에도 불구하고 인류는 아직 바닷물 한 방울 만큼도 바다를 완벽히 알지 못한다. 유엔에서 '해양과학 10년(2021~2030년)'을 선언한 이유 중에는 바다 연구를 위해 필요한 과학적 역량을 늘리기 위한 것도 있을 것이다.

최근 수십 년 동안의 수많은 과학적 발견에도 불구하고 인류는 여전히 바다에 대해 잘 모르는 부분이 너무나 많다. 태양으로부터 전달받는 에너지가 어떻게 이 거대한 바다를 작동시키며 하늘과 땅과 물질을 주고받도록 하는지, 그 과정에서 다양한 생명이 어떻게 적응하여 지구 생태계를 작동시키고 있는지, 인류 활동에 의한 바다 환경 변화는 언제, 어디를, 그리고 어떻게 변화시키고 있는지, 구체적인 해양과학적 발견을 접할 때마다 우리 인류가 바다를 알아가는 일이 아직도 초보적인 수준이라는 점을 절실히 깨닫게 된다. 지금까지 인류가 축적한 해양과학 지식이 방대해 보이지만, 앞으로 발견할, 아니 발견해야만 하는 해양과학 지식에 비하면 그야말로 빙산의 일각에 불과할 뿐이다. 바다는 여전히 대부분 미지의 영역으로 남아 있고, 지구상 가장 탐사가 부족한 영역에 해당한다.

그중에서도 심해는 어쩌면 가장 미지의 세상이라 할 만하다. 인류가 심해저를 관찰한 시간을 모두 합치면 100년이 넘는다고는 하지만, 여전히 심해에서 수집한 정보는 극히 제한적이며, 심해의 대부분은 인류의 손길이 전혀 닿은 적 없는 미지의 영역으로 남아 있다. 언제까지 심해를, 바다를 미지의 영역으로만 남겨둘 수는 없다. 특히 최근 현실화하는 기후위기를 비롯한 각종 지구 환경 문제를 고려하면, 인류는 빠르게 바다에 대한 이해도를 높여 본격적으로 바다를 활용하며 바다와, 나아가 지구와 공존하기 위한 다양한 해법들을 찾아야만 한다.

어물 장수 문순득

우리나라의 해양 영토 면적은 약 43.8만 제곱킬로미터로, 국토 면적의 4배 이상에 달한다. 생각보다 우리 바다의 면적이 넓다. 그런데 도심의 아파트와 부동산 등 국토의 일부에 가지는 관심에 비해 이토록 넓은 해양 영토에 관심을 가지는 사람은 훨씬 적다. 국토보다 넓은 영토라면 응당 그만큼 더 신경써야 할텐데 말이다. 게다가 인접국과 분쟁 소지가 빈번하다면 당연히 더 잘 알려고 해야 할 것이다.

선박 엔진이 없던 과거에는 오로지 해상풍과 해류의 힘으로만 항해해야 했고, 따라서 해상풍과 해류는 선박의 이동 나아가 문명의 확산에도 지대한 영향을 미쳤다. 국제적인 관점에서 바다가 얼마나 중요한지, 특히 3면이 바다로 둘러 싸인 우리나라가 왜 바다에 관심을 더 가져야 하는지를 보여주는 이야기가 있다. 때는 조선시대로 거슬러 올라간다.

신안군에 살았던 조선 후기 어물 장수 문순득은 24살의 청년으로, 홍어를 사기 위해 작은 아버지와 마을 주민 네 명을 따라 흑산도에 다녀오는 길에 거친 풍랑을 만나 표류하다가 구사일생으로 류큐 왕국의 '대도(大島)'라는 곳에 도착했다. 현지인들의 보살핌으로 다행히 융숭한 대접을 받으며 류큐에서 8개월 동안 생활하던 그는 류큐어도 배우고 조선으로 복귀하는 방법도 알아낼 수 있었다. 바로 류쿠 왕국의 조공선을 타고 중국으로 간 후 중국에서 조선으로 이동하는 것이었다.

그러나 이 조공선에 승선한 그는 또다시 풍랑을 만나 두 번째 표류를 하게 된다. 이번에는 류큐보다도 더 남쪽에 위치한 필리핀 루손(Luzon)섬에 도착했다. 문순득과 일행들은 루손섬에서 중국인들이 모여 사는 화교 마을에 이르러서야 배에서 내렸다. 그들은 9개월 동안 그곳에 머물며 당시 스페인 제국 필리핀 도독령의 루손섬의 마을 곳곳을 구경했다. 그는 이번에도 루손섬 북부 현지어를 익히고 잘 적응하여 지냈다. 시간이 흘러 마카오 상선을 얻어 타고 중국의 마카오로 이동한 문순득은 육로로 난징과 베이징을 거쳐 3년 2개월만에 한양으로 돌아올 수 있었다.

그의 표류기는 '아시아판 하멜 표류기'라고 봐도 좋을 정도다. 중요한 점은 그가 의도적으로 타국을 방문한 것이 아니라 두 차례나 풍랑을 만나 본의 아니게 류큐, 루손섬, 마카오를 차례로 방문하였고, 그곳들의 언어와 문화 등을 조선 사회에 전파했다는 것이다. 그의 체험담은 흑산도에 유배 온 정약전을 통해 《표해시말(漂海始末)》이라는 책으로 기록되고, 조선의 화폐 개혁안에도 참고가 되었다. 문순득의 이야기가 정약용의 제자였던 이강회의 《유암총서(柳菴叢書)》라는 책을 통해 세상에 알려진 후 조선 후기 당시 사람들의 세계관을 확장하는 등 큰 영향을 미친 것으로 보인다.

해금정책을 펼치며 눈과 귀를 닫았던 조선 시대에 해외 경험, 더구나 당시까지 정보가 극히 제한적이었던 남방 국가들과 필리핀을 정복했던 스페인과 같은 서구 제국의 소식을 국내에 전달한 그의 영향력은 적지 않았다. 문순득은 이러한 공을 인정받아 종2품 공명첩을 하사 받기까지 했다. 그가 표류를 시작하게 된 것도, 무사히 조선으로 복귀할 수 있었던 것도 모두 해상풍과 해류라는 변화 무쌍한 바다 환경 때문이었다는 사실을 생각해볼 때, 바다가 우리에게 미치는 영향을 새삼 강조하지 않을 수 없다. 예나 지금이나 우리는 비록 땅 위에 살고 있지만 바다로부터 자유로운 적은 없었고, 역사를 접하면 접할수록 바다의 중요성이 너무나 큰 반도국임을 깨닫게 된다.

산맥이나 강줄기 등으로 경계가 분명한 땅과 달리 바다는 각국의 이해관계에 따라 주장하는 영토가 다르기 때문에 주변국의 정세에 주의를 기울이지 않으면 탐사 기회조차 잃어버릴 위험이 크다. 2016년에 실제로 겪었던 일이다.

서태평양 승선 조사를 위해 거제에서 연구선 온누리호를 타고 출항했다. 수석 과학자를 맡았기 때문에 선장님과 서로 잘 상의하고 필요에 따라 탐사 계획을 수시로 조정하며 연구팀 전체를 이끌었다. 그런데 출항 직전 태풍이 북상하고 있다는 예보를 접했다. 선장님은 출항을 1주일 늦추자고 했다. 태풍이 지나간 후 거친 바다가 잦아들고 나서 출항하자는 것이었다. 나는 태풍이 북상하며 한반도 쪽으로 북서진할 것이라는 예보를 신뢰했기 때문에 오히려 빨리 출항한 후 일본 혼슈 남부 해역으로 동진하면서 태풍 영향권을 벗어나는 것이 더 유리하다고 말했다. 결국 선장님은 내 제안을 받아들여 예정대로 출항 후 빠르게 일본 남부 해역으로 순항했고 태풍이 한반도를 향하는 동안 우리가 승선한 연구선은 멀리 동진하여 태풍의 영향권을 벗어날 수 있었다.

그런데, 일본의 배타적 경제수역에 진입한 이후 일본 해경 순시선들이 우리 연구선을 따라오는 것이 보였다. 혹시라도 우리가 연구선을 멈추고 사전에 허가받지 않은 정선(배 운항을 정지함) 조사 작업을 하는 것은 아닐지 의심하는 것이 분명했다. 우리는 멈추지 않고 일본 계속 동진하다가 서태평양의 연구 해역으로 이동하기 위해 다시 남진하기 시작했다.

우리가 목표로 한 해역으로 이동하는 경로에는 특이하게도 일본의 배타적 경제 수역으로 둘러싸여 있지만 중간에 공해(公海)인 영역이 있었다. 불현듯 이 공해 영역의 데이터를 수집해 두어야 할 필요를 느껴 급히 새로운 조사 계획을 세웠다. 관측 장비를 내리고 올리며 조사 데이터를 충분히 수집 후 우리는 초기에 계획해 둔 해역으로 이동했다. 몇 년 후 당시 연구선의 선장님을 다시 만나 알게 된 사실은 일본 측에서 그 부근의 암초를 메꿔 섬으로 만들고 거기서부터 새로 배타적 경제 수역을 설정하면서 그곳이 더 이상 공해가 아니게 되었다는 것이다. 공해였던 영역이 일본의 배타적 경제 수역으로 변경되어 이제 더는 그 해역에서 조사도 어려워졌다고 한다.

이런 일은 전 세계 바다에서 흔하게 일어난다. 과학자인 내가 이토록 해양 영토에 대해 강조하는 이유는, 우리 바다에 대해 잘 아는 것이 해양 영토를 지키는 일이고, 해양 영토를 잘 지켜야 해양과학 연구에서 우리나라가 뒤처지는 일이 없기 때문이다.

해양과학은 지구환경과학의 한 분야로서 해양의 자연 과정을 규명하는 것에 주력한다. 그러나 해군 함정의 소나 시스템(SONAR, 음파탐지기를 이용해 수중의 지형, 지물의 위치와 방향, 거리를 탐지하는 전술 시스템)을 개발하거나 어뢰와 같은 유도무기의 앞부분에 부착하는 센서부 시스템을 개발할 때와 같이 국방 시스템을 개발하는 과정에서도 해양 관경에 대한 이해는 필수다. 해양과학의 응용 분야라 할 수 있는 수중음향학 등의 해양공학 분야에서도 해양 환경을 이해하고 활용하기 위해 다양한 기술 개발이 이루어지고 있다. 해양과학이 아닌 공학 분야에서도 기술개발을 위해 해양 환경 이해가 중요하다는 의미다.

나는 2006년에 전문연구요원으로 군 복무를 하며 이를 더욱 느끼게 되었다. 박사 학위를 받자마자 대학을 떠나 국방과학연구소에 자리 잡을 생각을 한 것은 기초연구보다 응용연구와 개발을 통해 사회에 좀 더 직접적인 기여를 하고 싶었기 때문이다. 내가 당시 근무했던 연구소는 기초 연구보다 국가 방위에 실질적으로 기여할 수 있는 시스템을 만드는 개발 업무에 더 주력했었다. 당시 진해(현재 창원)에 위치한 제6 기술연구본부에서 해군 관련 무기 시스템을 개발하며 기초 연구와 공학, 기술 개발이 어떻게 연관되어 있는지 가까이에서 볼 수 있었고, 내 연구에 자부심과 책임감을 느끼게 되었다.

국방과학연구소에 근무하며 기술개발의 근본이 되는 기초연구의 중요성을 새삼 깨닫기도 했고, 무엇보다 내 적성이 공학 분야 보다는 과학 분야에 더 적합하다는 결론을 얻기도 했다. 공학자는 세상에 없던 것을 만들어 인간을 이롭게 하는 유용한 기술의 창조자가 되지만, 세상 그 자체의 새로운 모습을 발견하는 사람은 아니다. 우리가 사는 자연 환경의 새로운 과학적 작동 원리를 발견하기 위해 관찰하고 탐구하는 사람은 공학자가 아니라 과학자일 수밖에 없다. 이처럼 과학자와 공학자는 서로 다른 철학을 가지는데, 나는 새로운 기술을 발명할 때 보다 새로운 현상을 발견할 때 더 큰 기쁨을 느꼈다. 해양관측 연구에 진심이기로 유명한 스크립스 해양 연구소행을 결정한 것도 이와 같은 이유 때문이다.

연구를 하다 독도지킴이가 된 이가 있다. K형은 같은 대학원 연구실에서 공부한 동료로, 1990년대 중반 전화 모뎀을 이용한 PC 통신 '하이텔', '천리안', '나우누리'가 활발했던 당시부터 온라인 상에 '독도사랑 동호회'를 조직하여 초대 회장을 맡았고, 독도를 위한 남다른 활동을 현재까지도 거의 30년째 한결같이 이어나가고 있다. 현재는 한국해양과학기술원 울릉도·독도 해양연구기지 대장으로 울릉도에 거주하면서 해양과학자이자 '평생 독도를 사랑한 사람'으로서 아직까지 독도 주변 바다 연구는 물론 다양한 활동을 하고 있다. 울릉도에서 정년 퇴직할 계획까지 세워 둔 한결 같은 독도 지킴이가 있어 너무 든든하다. 일관되고 변함없는 독도 사랑, 바다 사랑의 열정과 집념은 K형으로부터 가장 크게 배울 수 있었다.

대학원생으로 학위 논문 준비를 하며 연구 활동을 했던 시절에 K형도 함께 동해 연안에 탐사를 다니곤 했는데, 전남 지역(해남, 강진)에서 나고 자라, 경남 지역(부산)에서 대학 생활을 했고, 수도권(서울)에서 대학원 생활을 하며 강원도(동해)로 출장을 다녔으니 대한민국 전국을 대충 한 바퀴 완성한 셈이다. 그 후 가족이 모두 함께 울릉도로 이사까지 했다. 전문적인 연구 내용도, 연구 활동도, 그리고 일상까지 모든 것을 독도에 올인한 K형의 열정은 누구라도 존경하지 않을 수 없을 것이다.

울릉도와 독도가 동해의 최전방이라면 황해—동중국해의 최전방은 이어도, 가거초, 소청초와 같은 곳들인데, 한국해양과학기술원에서는 이곳들에 해양과학기지를 세워 각종 해양 환경과 대기 환경을 측정하는 등 실효적으로 활용하고 있다. 또, 정부 기관(해양수산부 산하 국립해양조사원)을 통해 해양과학기지 측정 시설을 유지, 보수하며 관측 활동을 지속하는 중이다. 현재 우리 연구팀원들 중에는 이어도 해양과학기지에 드나들며 활발한 연구 활동을 수행하는 연구원들이 있는데, 이들은 1주일 내외의 기간 동안 기지에서 체류하며 관측 활동을 벌이기도 한다. 움직일 수 있는 배와 달리 먼바다 한 가운데 고정된 시설에서 먹고 자며 며칠 이상 생활하는 경험 역시 남다른 열정과 각오가 없다면 쉽게 시도할 수 없는 작업이라 이들의 열정에도 고개가 숙여진다.

우리나라의 해양 주권을 위해 앞바다부터 먼바다까지 조금은 외롭고 고독한 길을 선택한 분들을 떠올릴 때마다 감사한 마음뿐이다. 그런 면에서 우리나라 최남단은 제주도 남쪽에 위치한 마라도가 아니라 사실 태평양 건너 남극 대륙에 건설한 세종 기지와 장보고 기지라고 해야 한다는 주장에도 수긍이 간다.

결단코 우리나라 주변의 관할권이 미치는 바다만 관심을 기울여야 할 대상은 아니다. 바다는 육지 면적의 2배나 될 정도로 넓고 그중 상당 부분은 어느 특정 국가의 관할권이 미치지 않는 공해에 해당한다. 드넓은 공해를 잘 알려면 보다 적극적으로 먼바다로 나가야 한다. 미국이 가장 적극적으로 대양과 극지 연구 프로그램을 가동하여 활발한 조사 활동을 벌이고 있지만, 미국 외 다른 주요국들도 나름의 방식으로 대양 및 극지 연구에 뛰어들어 탐사를 하고 있다. 당연히 국내 해양과학자들도 태평양, 인도양, 남빙양, 북빙양, 그리고 남극 대륙 주변 연안까지 찾아가 현장에서 활동하며 각종 데이터를 수집하는 노력을 기울인다. 해양과학자가 아니더라도 요즘은 요트로 대양을 건너며 아예 세계일주를 하는 분들도 보게 된다. 혼자 전 세계 바다를 모두 다 찾아가 직접 경험할 수는 없겠지만, 각지의 바다에서 활동하는 분들이 직접 촬영한 사진과 동영상만 보더라도 바다가 얼마나 넓고 다양하며 변화 무쌍한 자연인지를 새삼 깨닫게 된다.

이처럼 무궁무진한 바다 환경의 과학적 작동 원리를 탐구하는 일은 즐기면서 배우는 하나의 문화에 가까운 것 아닌가 하는 생각마저 든다. 즐기면서 배우고, 배우면서 즐기

는 해양 탐사 활동을 남은 인생에서도 지속할 수 있길 희망
한다.

최후의 프런티어

바다, 특히 심해는 흔히 우주만큼 미지의 공간이자 인류가 닿기 어려운 지구의 마지막 영역으로 알려져 있지만, 개인적인 생각으로는 우주보다 더 미지의 세계이자 진정한 프런티어가 바로 바다가 아닐까 싶다. 바다가 우주보다도 더 먼, 진정한 프런티어라고 주장하면 사람들은 의아하다는 반응을 보인다. 달까지의 거리가 무려 38만 킬로미터에 달하고, 당장이라도 찾아갈 수 있는 바다보다 우주가 훨씬 더 멀리 떨어져 있는 것이 당연한데, 우주보다도 바다가 더 멀다니 이게 무슨 말일까?

우주보다 먼바다라는 생각은 접근성에 대한 것이다. 하늘로 올라갈수록 압력(기압)이 낮아지기는 하지만 그 압력 변화는 바다 깊이 내려갈수록 증가하는 압력(수압)에 비하면 아무것도 아닐 정도로 작다. 지상에서 우리가 느끼는 대기압은 1기압인데, 고도가 높아질수록 기압이 낮아져 우주로 나가면 결국엔 진공 상태로 변한다. 그렇기 때문에 우주선을 만들 때는 1기압의 변화를 견디도록 설계한다. 그런데 바닷속은 해수면의 기압에 바닷물의 수압이 더해지기 때문에 깊이 내려갈수록 점점 압력이 커진다. 잠수를 해 본 사람들은 알겠지만 깊이 잠수하면 할수록 위에 놓인 물의 무게 만큼의 중력이 고스란히 수압으로 작용한다. 수심이 10미터 깊어질 때마다 1기압씩 증가하므로, 수심 10미터까지만 잠수해도 우리가 받는 압력은 대기압의 2배로 증가한다. 수심 100미터, 1,000미터(1킬로미터), 10,000미터(10킬로미터)까지 깊어지는 경우에는 우주로 나가면서 겪는 압력 변화보다 10배, 100배, 1000배나 더 큰 압력 변화를 겪는 것과 마찬가지이기 때문에 바닷속이 우주보다 접근하기 쉽지 않은 것이다. 수심 3천 미터의 해저에서 작용하는 수압은 가로 1센티미터, 세로 1센티미터의 작은 면적 영역에 거의 350킬로그램의 힘이 작용하는 수준이라서 거대한 물체도 단번에 찌그러뜨릴 수 있다.

인간은 물론이고 공기로 호흡하는 모든 동물은 바닷속 수압으로부터 자유로울 수 없다. 인간의 폐는 공기로 채워져 있는데, 바닷속에 특별한 장비 없이 깊이 잠수하면 수압으로 인해 폐가 망가진다. 그렇다면 심해 생물들은 어떻게 깊은 바닷속에서 생활할 수 있는 걸까? 심해에 적응해서 사는 해양 생물의 신체에는 그러한 공기주머니가 없다. 물론 심해와 해수면을 자유롭게 오르내리는 해양 생물도 있다. 공기 호흡을 하는 동물 중 가장 깊이 잠수할 수 있는 동물인 고래는 폐의 탄력성이 뛰어나서 스스로 압력을 조절할 수 있기 때문에 문제가 되지 않는다.

수심이 45미터만 되어도 5.5기압의 수압을 받게 되는데, 이는 갈비뼈가 다 부러질 정도의 강력한 힘이다. 이뿐만 아니라 잠수병 발병 위험도 높아진다. 높아진 수압으로 질소와 산소가 혈액에 녹아들면서 시각장애와 무의식 등 질소마취와 산소 중독 등의 증상이 나타날 수 있다. 이런 증상들을 무시할 수 있을진 모르겠지만, 이를 무시하고 더 깊이 잠수하면 환각을 경험할 것이다.

또 공기 소모량도 기하급수적으로 증가하는데, 실제로 잠수하는 사람들의 이야기를 들어보면, 일반 압축 공기를 사용하는 잠수사가 수심 42미터에서 버틸 수 있는 한계 시간은 8분 정도라고 한다. 더 깊은 수심까지 잠수하며 인간의 한계를 시험하는 소위 '딥 다이버(deep diver)'들은 일반적으로 사용하는 공기보다 산소 비율을 높이거나 질소 대신 헬륨을 섞은 특수 혼합 가스를 사용한다. 심해에서 작업하는 사람들이 다시 물 밖으로 나오기 위해서는 잠수병을 예방하는 감압 체임버(수중에서의 수압을 선상에서 낮춰주는 장비)를 필수로 사용해야 한다.

그러나 아무리 장비를 갖춘다 하더라도 심해는 여전히 우리 인간에게 쉽게 접근을 허용하지 않는다. 우주 여행을 기대하는 시대에 이정도면 우주보다 '먼' 세상이라 해도 과언이 아니지 않을까?

수압 외에도 심해로의 접근을 가로막는 요인은 더 있다. 종종 특정 해역의 특정 수심에서는 강한 유속으로 흐르는 바닷물이 관측되는데, 잠수사는 단지 1~2노트(노트는 초당 약 51.4cm를 이동한다) 정도의 유속만 되어도 마치 태풍이나 토네이도에 휩쓸려 날아가는 듯한 느낌을 받는다고 한다. 잠수를 시작한 위치에서 순식간에 수백 미터나 떨어진 곳으로 밀려나는 경우 해수면으로 다시 올라온다 하더라도 배에서 잠수사를 발견할 수 없어 조난당하기 쉽다.

무엇보다도 바닷속은 조금만 깊이 잠수해도 빛이 거의 들어오지 않는 깜깜한 암흑 세상이 된다. 바닷속이 암흑 세상이라는 점은 바다가 파란색으로 보이는 현상과 연관지어 생각해 볼 수 있다. 바닷물을 떠서 컵에 담으면 투명해 보이는데, 왜 바다는 파란색으로 보이는 걸까? 이는 햇빛이 바닷속에 흡수되어 산란되는 정도가 파장별로 차이를 보이기 때문이다. 가시광선 중에서 파장이 긴 빨간색, 노란색, 초록색이나 파장이 짧은 보라색보다는 파란색 파장대의 가시광선이 상대적으로 물을 가장 잘 투과하고, 바닷속에서 가장 멀리 투과하는 파란색이 산란하며 우리 눈에 보이기 때문에 바다가 파랗게 보이는 것이다. 물론 수심이 얕은 바다와 플랑크톤이 번성하는 바다에서는 초록색을 띠는 바다를 볼 수 있다. 이처럼 광학을 적용하면 바닷속의 다양한 빛을 더 깊이 탐구할 수 있다.

그러나 파란색 계열의 빛조차 수십 미터 아래의 바닷속까지는 도달하지 못하기 때문에 바다는 깊어질수록 아주 어둡고 위험하다. 바닷속에서는 시야가 확보되지 않아 손으로 더듬으며 활동하는 경우도 있는데, 이 과정에서 날카로운 바위나 선박 잔해 등에 부딪혀 부상당하거나 호흡기 등의 장비가 손상되어 치명적인 사고가 일어나기도 한다. 또한 깊은 바닷속에서는 일반적으로 수온도 급격히 감소하기 때문에 매우 차가운 바닷물을 마주하게 된다. 심해의 수온은 보통 섭씨 4~5도이다. 타이타닉호가 침몰한 당시 바닷물의 온도는 영하 2도였다고 한다. 침몰 후 약 1시간 30분 뒤에 RMS 카르파시아호가 도착했을 때에는 대부분의 사람이 저체온증으로 사망한 상태였다고 한다. 특별한 장비의 도움이 없다면 심해에서 오랜 시간 버티기 어렵다.

이처럼 심해의 환경은 그 자체로 극한의 조건이라 할 수 있다. 빛이 없는 암흑 속 세상을 탐구하며, 사람이 접근할 수 없어 각종 첨단 관측 장비를 통해 접근해야하는 세계이니 과연 프런티어라 부를만하지 않은가?

접근이 어렵고 대단히 위험하지만 그렇기 때문에 현장 관측 중심의 해양과학을 하면서 '내가 참 축복받은 연구를 하고 있구나'하고 감탄할 때가 한두번이 아니었다. 전 세계 곳곳을 두루두루 여행하며 다양한 경험을 할 수 있다는 장점은 물론이고, 가끔은 인류의 어느 누구도 아직 접촉해보지 못한 어느 바닷속 어떤 수심의 특별한 바닷물에 가장 먼저 손을 댄 사람이라는 짜릿함도 종종 경험했다.

한 번은 승선 조사 중에 수중 카메라가 장착된 원격 조종 로봇을 수백, 수천 미터 아래의 심해로 내려서 연구실 모니터를 통해 심해 환경을 눈으로 직접 볼 기회가 있었다. 인간이 잠수해서는 접근할 수조차 없는 심해로 장비를 계속 내려 보내는 가운데 모니터 화면에 신기한 생물체나 희귀한 현상이 보일 때에는 모두가 탄성을 지르기도 했다. 마침내 로봇이 해저면에 도착하자 장비를 운용하는 수중 로봇 파일럿들이 해저 퇴적물 채집을 위한 로봇 팔을 작동시켰다. 해저에 깃발도 꽂고, 해저 퇴적물 시료도 확보하고 하는 과정이 마치 달이나 화성 표면에 도착한 듯한 느낌이었다.

인간의 한계를 시험하는 익스트림 경기 중에 심해 잠수 대회가 있다. 이 경기는 산소 없이 물속에서 몇 미터까지 잠수할 수 있는지를 시험하는 경기다. 영화 〈그랑블루〉에서 주인공들의 운명을 결정지은 경기이기도 하다. 이런 경기를 하는 이유는 심해가 접근을 쉽게 허락하지 않는 곳이기 때문일 것이다. 누구나 쉽게 접근할 수 있다면 익스트림 경기가 될 수 없다. 심해 잠수 대회는 바다가 그동안 얼마나 인간의 접근을 허가하지 않은 프런티어인지를 여실히 보여주는 경기가 아닌가 한다.

그렇다면 과연 얼마나 깊어야 심해일까? 10미터, 50미터, 100미터? 꼭 절대적인 기준이 있는 것은 아니지만, 사람들은 어느 정도 깊이가 되어야 심해라고 느낄까? 인간이 잠수할 수 있는 깊이는 아니지만 수심 200미터 정도면 충분

해양과학의 미래에도 무지개가 뜨기를 바라본다.

히 깊은 심해라고 부를 수 있을 것이다. 해저 지형을 그려봤을 때 해안선에서부터 수심 200미터 부근까지 수심이 비교적 완만하게 변화하며 평탄하게 되어 있는 곳을 대륙붕이라 부른다. 대륙붕의 끝부분에서 수심이 매우 급격하게 깊어지는 것을 볼 수 있는데, 이를 대륙사면이라고 부른다. 그렇기 때문에 흔히 대륙붕이 끝나는 수심 200미터 보다 더 깊은 곳을 심해로 정의한다. 물론 다른 기준으로 심해를 정의해 볼 수도 있을 것이다.

수심이 더 깊어지면 다시 수천 미터의 수심이 평탄하게 유지되는 심해저 지형을 볼 수 있다. 이보다 더 심하게 깊어지는 해구를 볼 수도 있지만 대부분의 대양은 수천 미터 수심으로 되어 있다. 현재까지 가장 깊은 곳으로 알려진 마리아나 해구에 있는 비티아즈 해연은 수심이 1만 미터가 넘는다.

모든 과학 분야마다 그리고 과학이 아닌 타 분야에도 프런티어가 되는 연구 영역은 늘 존재한다. 그러나 인류가 해양을 물자 수송 수단, 식량 등으로 활발히 이용하고 있는 것에 비해 해양 자체를 연구하는 해양과학이 여전히 프런티어로 남아 있는 이유는 아마 앞에서도 소개한 수많은 어려움 때문이 아닐까 싶다. 미지의 심해를 연구하며 새로운 지식을 창출하는 과정에서 더욱 큰 보람을 느낄 수 있는 것도 같은 이유일 것이다. 나는 아마도 쉽게 접근하기 어려운 극한 환경의 과학적 원리를 알아가는 매력에 빠진 듯하다.

오랜 과학 기술의 발전에 따라 해양과학에도 비약적인 진전이 있었던 것은 사실이지만, 인류가 현재까지 해양에 대해 알아낸 것 보다 여전히 모르는 것이 훨씬 더 많은 영역이 해양이다. 심지어 우리가 무엇을 모르고 있는지조차 모를 정도다. 이 분야에서 몸담은 지 수십 년이 지난 현재까지도 해양에 대한 인류의 무지에 새삼 놀라게 된다. 어쩌면 불과 몇 세기 되지 않는 짧은 해양과학의 역사는 인류가 얼마나 해양에 대해 무지한 지를 점점 깨닫는 과정이 아니었나 싶다.

육지에서

오랜 항해를 마칠 무렵 육지가 가까워지면 누구라도 들뜨지 않을 수 없을 것이다. 흔들리지 않고 고정되어 있는 땅을 다시 밟을 수 있다는 것만으로도 얼마나 감사하고 기쁜지 바다에 오래 머물러보지 않은 사람은 알 수 없다. 어렵고 긴 항해를 마치고 육지가 보이는 때의 기쁨은 말로 표현할 수가 없다.

이사부호를 타고 열대 서인도양에서 20여 일 동안 승선 조사를 마치고 몰디브의 본섬인 말레로 향하는 동안, 미끄러지듯 섬을 우회하여 북쪽으로 방향을 변경하는 연구선 바깥에는 몰디브의 아름다운 섬들이 눈앞에 펼쳐졌다. 몹시 들뜨고 행복한 기분이었다. 부푼 희망을 안고 출항할 때에도 기쁘고 즐겁지만, 계획했던 일을 모두 마치고 아무런 사건 사고 없이 입항할 때는 더욱 행복하다.

여러 대중서들을 집필했지만, 매번 초고를 완성한 후에는 항상 아쉬움이 남는다. 시간이 좀 더 있다면 글을 다듬어서 좀 더 좋은 글로 퇴고할 수 있을 것만 같은데……. 그런데 사실 연구 결과를 정리하여 학술 논문을 작성할 때의 심정도 크게 다르지 않다. 조금 더 연구를 진행하면 더 흥미롭고 놀라운 과학적 발견 내용을 학계에 보고할 수 있을 것만 같다. 그러나 이런 아쉬움을 뒤로하고 꿋꿋이 논문을 발표해야만 했던 이유는, 조금만 더, 조금만 더 하다가 중요한 연구 결과가 사장되어 결국 세상의 빛을 보지 못하게 될 수 있기 때문이었다. 이 책도 좀 더 퇴고하고 싶은 아쉬운 마음이야 굴뚝같지만 아쉬움을 뒤로하고 출판사에 원고를 보내야 했다.

이 책에서 해양과학자의 삶과 다양한 바다 이야기를 마치 여행하듯 하나하나 소개했는데, 전체 내용은 어찌 보면 "그래서 행복하니?"라는 질문에 대한 답변이라고도 할 수 있다. 운이 좋아 자연을 벗삼아 자연의 과학적 원리를 알아가는 일을 직업으로 택할 수 있었고, 자연 중에서도 한없이 드넓고 끝을 알 수 없을 정도로 깊으며, 그 과학적 원리를 볼 때마다 경이로운 바다를 대상으로 할 수 있음이 너무나 행복하다는 답변이 이 책을 통해 전해지길 희망한다.

특히 유라시아 대륙과 태평양이 만나는 경계에 사는 우리에게 바다는 너무도 중요하다. 역사적으로 우리나라는 무려 4백 년 동안이나 섬을 비워 두는 공도 정책을 펼치는 등 한중일 동양 삼국의 해금 정책 중에서도 단연 으뜸의 해금 정책을 펼쳐왔다. 육당 최남선 선생님의 "바다를 잊은 민족에게 미래는 없다"라는 외침에 공감하며, 이 책을 읽는 사람들에게 드넓은 해양을 바라보며 원대한 꿈을 품을 수 있는 작은 인사이트라도 제공할 수 있길 바란다.

내가 과학자로 살 수 있는 것도, 그리고 종종 장기간 승선 조사로 집을 비우는 것도 모두 가족의 지지와 성원 없이는 불가능했을 것이다. 특히 스마트폰이 대중화되기 전인 2010년대 초반까지는 승선 조사 도중에 연구선 내부에서 가족과 자주 연락을 주고받을 수 있는 방법도 없었고, 출항 후에는 거의 "무소식이 희소식"이라고 할 정도로 입항해서 연락을 취할 때까지 통신 두절 상태로 지냈다. 육지에 있는 사람과 바다에 있는 사람 모두 힘든 시기이지만 그렇기 때문에 좋은 점도 있다. 멀리 떨어져 지내면서 애틋함이 커지고 가족의 소중함도 더욱 잘 알게 되었다. 오랜 승선 조사를 마치고 나면 그 후에 남은 데이터 정리와 보고서 작정 걱정으로 돌아오는 발걸음이 무겁지만, 무사히 돌아온 나를 정말 너무나 반갑게 맞이해 주는 가족 덕분에 힘을 낼 수 있었다. 아내와 두 아이에게 항상 감사하다.

지난 한 달간 동고동락하며 열대 인도양에서의 승선 조사 중에도 이 책의 초고를 마칠 수 있도록 배려해 준 모든 동료 연구원들, 학생들과 이사부호 모든 승조원분들께도 깊은 감사의 마음을 전한다.

이 책이 세상에 나올 수 있도록 첫 제안부터 마무리까지 적극 지원해 준 흐름출판에도 깊이 감사드린다.

2024년 여름
연구선 이사부호 하선 직후 몰디브에서

바다 위의 과학자

초판 1쇄 인쇄 2025년 2월 14일
초판 1쇄 발행 2025년 2월 20일

지은이 남성현
펴낸이 유정연

이사 김귀분
책임편집 황서연 **기획편집** 신성식 조현주 유리슬아 서옥수 정유진 **디자인** 안수진 기경란
마케팅 반지영 박중혁 하유정 **제작** 임정호 **경영지원** 박소영

펴낸곳 흐름출판(주) **출판등록** 제313-2003-199호(2003년 5월 28일)
주소 서울시 마포구 월드컵북로5길 48-9(서교동)
전화 (02)325-4944 **팩스** (02)325-4945 **이메일** book@hbooks.co.kr
홈페이지 http://www.hbooks.co.kr **블로그** blog.naver.com/nextwave7
출력·인쇄·제본 (주)삼광프린팅 **용지** 월드페이퍼(주) **후가공** (주)이지앤비(특허 제10-1081185호)

ISBN 978-89-6596-698-2 03450